# R による
# やさしい
# テキスト
# アナリティクス

小林雄一郎 著

Ohmsha

# はじめに

## どうして本書が書かれたのか

　近年，アンケートや SNS（Social Networking Service）の投稿などのテキストデータを統計や機械学習の手法で解析する「テキストアナリティクス」の手法が注目を集めています。テキストアナリティクスは，従来「テキストマイニング」と呼ばれていた技術と多くの共通点を持ちます。しかし，テキストアナリティクスでは，探索的なデータ分析（＝マイニング）だけでなく，より明確な分析目的や理論的枠組みを持つ方法論（＝アナリティクス）が想定されています。テキストアナリティクスは比較的新しい用語ですが，本書執筆時点でも数冊の書籍が日本語で出版されています（金, 2018, 2021; 榊, 2022）。また，2017 年から，テキストアナリティクス・シンポジウムという研究会も年 1 〜 2 回のペースで開催されています※1。

　本書は，筆者が過去に出版した『R によるやさしいテキストマイニング』シリーズ 3 冊（小林, 2017a, 2017b, 2018）から特に重要な部分をダイジェスト的に選び出し，現在のニーズやトレンドに合わせて内容を大幅に改訂したものです。もちろん，本書執筆時点で最新の R に対応した記述となっています。

## 本書の想定読者は誰か

　本書で想定されている読者は，テキストアナリティクスに興味を持つ人文・社会科学系の大学生や研究者，商品企画やカスタマーサポートに関わるビジネスパーソンなどです。本書は，「テキストアナリティクスを学ぶと，どんなことができるようになるのか」，「テキストアナリティクスに必要な知識とは，一体何か」，「高価なツールを使わずに，テキストアナリティクスをするにはどうしたらいいのか」といった疑問に答えます。

---

※1　https://www.ieice.org/~nlc/tm_main.html

## 本書を読むと何ができるようになるのか

　本書を読むと，データの構築から分析まで，テキストアナリティクスに関する基本的な知識と技術をひととおり身につけることができます。また，単にツールの操作方法を知るだけでなく，どのようなときにどのような分析方法を用いるべきかという判断がある程度できるようになります。本書では，テキストアナリティクスを行うにあたって，筆者が非常に重要であると思う技術のみを厳選して紹介します。本書はテキストアナリティクスの入門書なので，ディープラーニング（深層学習）などの最先端のデータ解析手法や，ビッグデータと呼ばれる規模のテキスト分析は深く扱いません。それらについては，別の文献を読む必要があります[※2]。しかし，より高度な書籍や論文を読み解くための足がかりを提供します。具体的には，より発展的な話題や技術に関して，コラムや脚注などで，次に読むべき文献を紹介します。また，必要に応じて，読者が自分でインターネット検索をするためのキーワードの例を示します。筆者は，読者が単に本書に書かれた知識を得るだけでなく，たとえ書かれていないことであっても独力で調べられるようになるための手助けをしたいと考えています。

## 本書で使うツールは何か

　本書では，主に，Rというデータ解析のソフトウェアを使用します。Rは，フリーウェアですので，誰でも自由にダウンロードして使用することができます。お金のないユーザーや予算の限られた会社にとって，フリーウェアは非常にありがたいものです。また，Rは様々なデータ解析機能を備えているため，Rの使い方を1つずつ学んでいくことで，実際のデータ処理の過程をより深く理解することができます。

## 本書をどのように読むべきか

　本書は，テキストアナリティクスで必要不可欠な知識を少しずつ積み重ねていく構成となっています。したがって，読者には，第1章から順番に章を読み進めていくことが期待されています。ただし，テキストデータの分析に関する知識をすでに持っていて，Rによる分析方法を知りたい場合は，第4章から読んでいただいても構いません。また，テキストアナリティクスの活用方法や「分析の雛形」

---

[※2]　ディープラーニングを用いた自然言語処理については岡﨑他（2022）など，大規模なテキストデータの分析については波多野（2022）などを参照してください。

を知りたい場合は，先に後半の「実践編」から目を通していただいても結構です。なお，「実践編」のうち，第7章と第8章は，基本的なデータ分析に基づく活用事例です。第9章は，インターネットから収集した実データを分析するため，発展的な前処理を含みます。そして，最後の第10章と第11章では，実際の研究や業務で用いられている発展的なデータ分析手法を使っています。

　本書には，所謂「文系」の読者にとって，あまり馴染みのない内容が含まれているかも知れません。しかし現在，テキストアナリティクスは，社会学や政治学のような社会科学，文学や歴史学のような人文科学でも盛んに活用されています。データ解析の技術は，もはや「理系」だけのものではありません。本書が読者の研究や業務にテキストアナリティクスを導入するきっかけとなりましたら，筆者にとって望外の喜びです。

## 本書の執筆環境

　本書の執筆環境は，以下の通りです。

- macOS Ventura 13.0.1
- R vesion 4.2.2

## 本書のサポートサイト

　本書のサンプルデータやコードなどは，下記のサポートサイトで公開されています。本書の記述に関しては入念な検証をしていますが，出版後に記述の誤りが見つかった場合，あるいは，将来的にRのバージョンアップなどによってコードに不具合が出た場合などに，サポートサイトの正誤表に情報をまとめる予定です。

https://sites.google.com/view/text-analytics-r/

2023 年 5 月

小林　雄一郎

# 目　次

## Column

# 基礎編

# テキストアナリティクス入門

## 1.1 テキストアナリティクスとは

　情報化時代と言われる現代において，社会の様々な分野でビッグデータと言われる多種多様なデータが集積され，それらの大規模データの有効活用が求められています。そのような状況で，大量のデータから情報や知識を効率よく取り出すためのデータマイニング，そして，単にデータを探索的に分析（マイニング）するだけでなく，データの設計・構築から実社会における課題解決までを包括的に担うデータサイエンスに大きな期待が寄せられています[3]。

　テキストアナリティクスとは，テキストと呼ばれる言語データを対象とするデータサイエンスの理論および技術の総称です。テキストアナリティクスの活用事例としては，インターネット上の膨大なクチコミに基づく商品開発やサービス向上，SNS の投稿に基づく選挙結果や株価の予測などが挙げられます。テキストアナリティクスの関連語として，テキストマイニングがあります。それら2つの用語は似たような意味で使われることも多く，本書でもほぼ同義語として扱います。ただ，厳密に言えば，テキストマイニングが頻度集計や統計処理といった「狭義の」分析を指しているのに対して，テキストアナリティクスは分析計画の立案，テキストデータの設計・構築，テキスト分析（＝テキストマイニング），分析結果に基づく施策などを含む「広義の」分析を指しています[4]。

　ところで，テキストアナリティクスという用語は，具体的にいつ頃から使われるようになったのでしょうか。この問いに答えるために，Google Ngram

---

[3] 「マイニング」（mining）という語は，mine（鉱石などを採掘する）という動詞を名詞にしたものです。なお，データマイニングやデータサイエンスの定義には，様々なものがあります。

[4] テキストアナリティクスは比較的新しい概念なので，研究者によって定義がやや異なります。

Viewer[※5] というサービスを利用してみましょう。このサービスを使うと，西暦
1500 ～ 2019 年までに出版された膨大な書籍データを用いて，特定の語句がい
つ頃から使われ始めたのか，いつ頃からあまり使われなくなったのかなどの傾向
を把握することができます。図 1.1 は，Google Ngram Viewer を使って，"text
analytics" という語句と "text mining" という語句の使用頻度の変遷を可視化
した結果です。この図を見ると，テキストマイニングが 1990 年代半ばから注目
されていて，テキストアナリティクスが 2000 年代半ばから注目されてきたこと
がわかります。

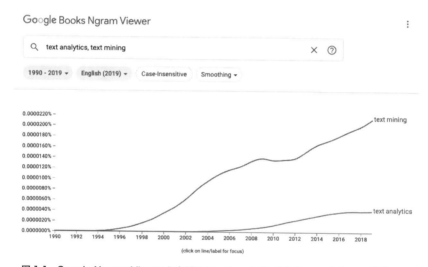

図 1.1　Google Ngram Viewer における "text analytics" と "text mining" の検索結果

　Google Ngram Viewer と同様に，ビッグデータに基づく言語解析サービスと
して，Google トレンド[※6] があります。こちらは，書籍データにおける使用頻度
ではなく，特定のキーワードが Google で何回検索されたかを可視化するサービ
スです。図 1.2 は，検索実行時（2022 年 10 月 18 日）までの 5 年間に，"data
science" という語句が全世界で何回検索されたかを表しています。この図によ
ると，検索回数は，小刻みな増減を繰り返しながらも，2021 年の終わりから増
加傾向を示しています。また，図 1.3 を見ると，"data science" が中国で最も多

---

※ 5　　https://books.google.com/ngrams
※ 6　　https://www.google.co.jp/trends/

く検索されていて，シンガポールやインドがそれに続いていることが示されています。さらに，Google トレンドを使うと，"data science" の関連トピックが「人工知能」や「学位」であることもわかります。ここで紹介した2つのサービスは，誰でも簡単に無償で使うことができますので，自分の関心のあるキーワードをぜひ検索してみてください[※7]。

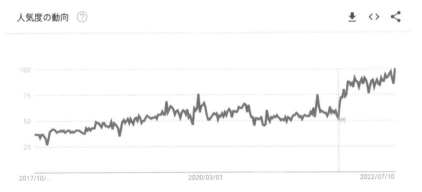

**図 1.2　Google トレンドにおける "data science" の検索結果（人気度の動向）**

**図 1.3　Google トレンドにおける "data science" の検索結果（地域別のインタレスト）**

　ここまで，Google Ngram Viewer と Google トレンドを使って，"text analytics"，"text mining"，"data science" といった語句の使用傾向を調べてきました。すでにお気づきの方も多いと思いますが，これこそがテキストアナリティクスなのです。大規模なデータ（コンピュータで分析可能な形式の文章や検索履歴）を活

---

※ 7　Google Ngram Viewer を用いたテキスト分析に関しては，Aiden & Michel（2013）に様々な例が紹介されています。

用することで，特定の語句（text analytics など）の使用傾向（年代や地域による頻度の違い，関連するトピックの特定）に関して，数値という客観的な結果に基づき，誰もが簡単に理解できるグラフ形式で提示することに成功しました。もしあなたがマーケティングやカスタマーサポートに関わるビジネスパーソンであるなら，自社やライバル企業の商品名を検索することで，特定の商品に対する世間の注目度を知ることができます。また，あなたが言語の変化に関心を持つ研究者であれば，特定の表現が使われ始めた時期，流行のピーク，その表現がすたれて使われなくなった時期などについて，即座に知識を得ることが可能です。

　我々の日常には，言葉が満ち溢れています。1 人の人間が 1 日に話す言葉，聞く言葉，読む言葉，書く言葉の総量は一体どれくらいになるでしょうか。個人差もあるでしょうし，正確な数を把握するのは難しいかも知れませんが，恐らくは膨大な語数となるでしょう。そして，2020 年のコロナ禍以降，社会の様々な領域でペーパーレス化が急速に進み，大量のデジタル化されたテキストデータが日々生み出されています。また，本書執筆時点で，インターネット上には約 20 億のウェブサイトがあると言われ[8]，Twitter では毎日約 5 億のツイートが生み出され続けていると言われています[9]。

　これだけ膨大な量のテキストデータが存在し，さらに増加し続けているのですから，アイデア次第で様々なテキスト分析が可能になります。何のために（分析目的），どのようなテキスト（分析データ）を，どのように分析するか（分析手法），という明確な計画さえあれば，テキストアナリティクスの可能性は無限に広がっています。ただ，そうは言っても，どのような分析を行えばいいのか，すぐには思いつかないかも知れません。まずは，テキストアナリティクスの技術が実際の社会でどのように活用されているかを概観してみましょう。

## 1.2　社会で活用されるテキストアナリティクス

　メディアなどで注目を集めているテキストアナリティクスの 1 つとして，Twitter や Facebook といった SNS のデータを分析し，社会の流行やインターネット上の言論を把握する試みが多く見られます。このような SNS データの解析は，

---

※ 8　https://firstsiteguide.com/how-many-websites/
※ 9　https://www.dsayce.com/social-media/tweets-day/

ソーシャルデータマイニングと呼ばれています（Russell & Klassen, 2019）。**図1.4**は，2014年にブラジルで開催されたFIFAワールドカップにおける日本対コートジボワールの試合中のツイート数の推移を朝日新聞が集計した結果です[※10]。

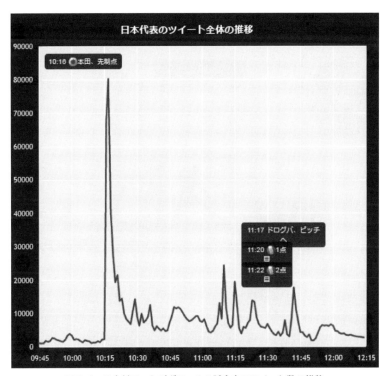

**図1.4 日本対コートジボワールの試合中のツイート数の推移**

　この図を見ると，10時16分に日本代表の本田圭佑選手が先制点を挙げた瞬間に極めて多い数のツイートがあったことがわかります。そして，この朝日新聞の調査で興味深いのは，単にツイートの数を数えただけではなく，個々のツイートがポジティブなものであったのか，それともネガティブなものであったのかを定量的に示している点です（**図1.5**）。

---

※10　http://www.asahi.com/worldcup/2014/special/chart/

第 1 章　テキストアナリティクス入門

**図 1.5　日本対コートジボワールの試合中のツイートのポジティブ／ネガティブ判定**

　この調査によれば，本田選手による先制点の瞬間のツイートのうち，ポジティブなものが 88% で，ネガティブなものが 0%，そのどちらでもないニュートラルなものが 12% でした[※ 11]。このように文章内容のポジティブ／ネガティブを自動判定することを**感情分析**，あるいは評判分析や意見分析と言います。感情分析は，芸能人の好感度調査から選挙結果の予測まで，幅広い分野で注目されているアプローチです。

　ただし，感情分析の結果の解釈には注意が必要です。感情分析のアルゴリズムにもよりますが，「ポジティブな単語」と「ネガティブな単語」のリストに含まれている単語の頻度を単純に（文脈を考慮せずに）数えているだけの場合もあります。たとえば，2021 年の 1 月 2 日に『逃げるは恥だが役に立つ』という人気ドラマ（通称「逃げ恥」）の新春スペシャルが放送されました。そして，その特番に対する Twitter 上の反応はおおむね好意的に見えました。しかし，放送終了

---

[※ 11]　図 1.4，図 1.5 の例のように歓喜の瞬間だけを切り取ったデータは例外として，一般的なテキストにおける大多数の単語は，ポジティブでもネガティブでもないニュートラルな単語です。つまり，ポジティブな単語とネガティブな単語の割合のみを示している感情分析は，少数の単語（テキストのごく一部）のみに注目していることになります。

後に Yahoo! リアルタイム検索[12] で「#逃げ恥」を調べたところ，驚いたことに，「ネガティブ」なツイートが圧倒的に多いという結果でした（**図 1.6**）。この当時の Yahoo! リアルタイム検索における感情分析アルゴリズムの詳細は不明ですが，もしかすると，ドラマのタイトルや Twitter のハッシュタグに含まれている「逃げ」や「恥」という単語を機械的に「ネガティブ」とカウントしてしまったのかも知れません[13]。

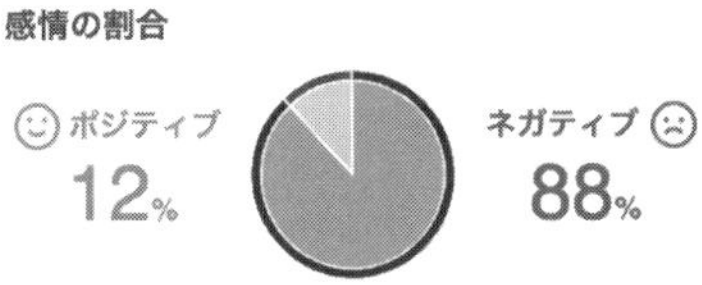

**感情の割合**

☺ ポジティブ　　　　　　　　　ネガティブ ☹
**12**%　　　　　　　　　　　　**88**%

**図 1.6**　「#逃げ恥」の感情分析

　テキストアナリティクスは，ビジネスの分野でも広く活用されています。たとえば，コールセンターに寄せられた問合せやアンケートに含まれる顧客の声を分析することで，新たなニーズやリスクを発見し，顧客の満足度を向上させることができます。それと同時に，前述のソーシャルデータマイニングと併用することで，SNS やブログの分析を行うことも可能です。具体的には，住宅メーカの宣伝活動・営業活動におけるポジティブなクチコミ情報の利用，自動車メーカのコールセンターに寄せられた不具合情報の分析，家電メーカによる商品トレンドの分析，生命保険会社・損害保険会社によるアフターケアの満足度調査，食品・飲料メーカによる広告・プロモーションの効果検証，小売業における接客担当者の改善事項の特定などがあります（三室他, 2007）。

　また，医学や看護学の分野におけるテキストアナリティクスの活用も盛んになりつつあります。多くの患者にとって，自分をいま苦しめている病気について正確に伝えることは簡単ではありません。実際，「昨日食べたお刺身から腸炎ビブリオ菌に感染した恐れがあり，今日の午前 8 時頃から激しい腹痛や嘔吐に悩まされていて，すでに 7 回トイレに駆け込みました」などと医者に伝える患者は少なく，「先生，今朝からギリギリとお腹が痛いし，朝からなんだかとても気持ち悪いんです」のように言う場合が多いのではないでしょうか。ここで注目してい

---

[12]　https://search.yahoo.co.jp/realtime
[13]　その後，Yahoo! リアルタイム検索における感情分析は改良されたようです。
　　　https://techblog.yahoo.co.jp/entry/2021051730150930/

ただきたいのは，「お腹が痛い」は「腹部にあるどこかの部位が痛い」ということであり，「ギリギリ」のような擬音語・擬態語は個人によって意味している状態が異なるかも知れないという点です。もちろん，十分な知識と経験を持った医師であれば，目の前の患者の症状を正確に見抜き，適切な治療をするでしょう。しかし，医師も人間ですので，常に完璧な判断だけを下せるとは限りません。したがって，カルテや問診における会話をデータベース化し，「お腹が痛い」のような比喩表現や「ギリギリ」などの擬音語・擬態語が具体的にどのような症状と結びついているのかという知識を集約することは非常に有意義なことです（服部,2010）。その他，電子カルテの解析による副作用関係の抽出（山下他, 2015），手術記録の解析による長期入院の要因特定（三浦他, 2010）などの活用事例が報告されています。また，看護分野では，患者自身の語りの分析（大高他, 2010）や看護師の実習指導における語りの分析（加藤他, 2011）などにテキストアナリティクスが活用されています。

　そして，教育分野でも，テキストアナリティクスの活用が模索されています。現在，教育環境におけるコンピュータの整備，データ解析技術の発達，グローバル化による外国語学習者の増加などの流れの中で，言語テストにおける文章の自動評価に関する研究が進められています（石井・近藤, 2020）。すでにアメリカでは，TOEFL iBT（Test of English as a Foreign Language Internet-Based Test）のような英語検定試験，GMAT（Graduate Management Admission Test）やMCAT（Medical College Admission Test）などの大学院進学試験に英作文の自動採点システムが導入されています。

　さらに，人文・社会科学の様々な分野へのテキストアナリティクスの導入も急速に進んでいます。具体的には，アンケートの自由記述における言葉の地域差の分析（岸江, 2012），政治家の演説の分析（鈴木, 2012），社会調査における自由回答の分析（樋口, 2012），宗教書の分析（三宅, 2012）などの活用事例があります。また，社会学（佐古, 2021）や経済学（小峯, 2021），異分野融合研究（内田他, 2021）などにテキストアナリティクスやテキストマイニングの方法論を応用した論文集も出版されています。

### Column … Twitter を用いた感染症流行予測

　ソーシャルデータマイニングの応用事例の１つとして，インフルエンザな
どの感染症流行の予測があります。ソーシャルデータを用いた感染症流行予
測は，従来型の調査と比べて，以下のような利点を持つとされています（荒
牧他，2012）。

1　大規模：「インフルエンザ」という日本語の単語を含むツイートは，１日
あたり平均1000件を超えるため（2008年11月時点），従来型の医療機
関の定点観測による集計を圧倒する大規模な情報収集が可能になる
2　即時性：ユーザーが発信する情報を直接収集するため，従来よりも迅速
な情報収集が可能であり，早期発見が重視される感染症の流行予測に大き
く寄与する

　たとえば，荒牧他（2012）は，「インフルエンザ」という単語を含むツイー
ト約40万件を収集しました。そして，単純な単語の集計では，「鳥インフル
エンザ」のような別の病気への言及や「インフルエンザ的な感染力」のよう
な比喩表現，さらには，「インフルエンザ怖いので予防注射してきました」の
ような予防に関する発言を排除できない点に留意し，「ツイートの投稿者が投
稿時点で実際にインフルエンザにかかっているか」を統計的に判定するモデ
ルを作成しました。そして，インフルエンザ流行の予測実験では，感染症情
報センターの患者数と高い相関（$r=0.91$）を得ました。この研究事例で示さ
れているように，ソーシャルデータには非常に多くのノイズが含まれている
ため，単純に単語の頻度を集計するだけでなく，個々の単語がどのような文
脈で用いられているかを慎重に検討する必要があります。

## 1.3　テキストアナリティクスの活用事例の探し方

　テキストアナリティクスやテキストマイニングに関する論文や分析レポートを
見つける方法は，いろいろとあります。たとえば，Google Scholar [14] でキーワー
ドを入力し，活用事例を発見することができます。**図1.7** は，Google Scholar で
「テキストアナリティクス マーケティング」を検索した結果です。ヒットした文
献の中には，PDF ファイルへのリンクが張られているものもあります。

---

第 1 章　テキストアナリティクス入門

図 1.7　Google Scholar の検索結果（例）

　また, 国内の論文を探すのであれば, CiNii Research ※ 15 も便利です。**図 1.8** は, CiNii Research で「テキストマイニング 看護 実習」を検索した結果です※ 16。この検索結果でも, 機関リポジトリ※ 17 や J-STAGE ※ 18 のような論文アーカイブへのリンクが張られている文献があります。

---

※ 15　https://cir.nii.ac.jp/

※ 16　「テキストアナリティクス」は比較的新しい用語であるため, テキスト分析の活用事例が少ない分野では, 従来使われてきた「テキストマイニング」という用語でも検索してみることをおすすめします。

※ 17　機関リポジトリとは, 大学などの研究機関が論文などの成果物を集積し, 公開するために設置されたデジタルアーカイブです。

※ 18　https://www.jstage.jst.go.jp/browse/-char/ja

**図 1.8　CiNii Research の検索結果（例）**

　さらに，テキスト分析ツールのウェブサイトで活用事例が紹介されていることもあります。たとえば，KH Coder[19] というソフトウェアのウェブサイトでは，本書執筆時点で 5600 件以上の活用事例が報告されています。**図 1.9** は，KH Coder のウェブサイトで「社会心理」を検索した結果です（ここで検索対象となっている文献はすべてテキストアナリティクス・テキストマイニング関連のものであるため，検索キーワードに「テキストアナリティクス」や「テキストマイニング」を指定する必要はありません）。

---

※ **19**　http://khc.sourceforge.net/

---

**KH Coderを用いた研究事例** [ KH Coder ]

**レビューのご案内**

KH Coderの本〔第2版〕第8章では成功した研究事例をご紹介しつつ、KH Coderを上手く使うためのヒントを考えました。よろしかったらご参照ください。

**研究事例リスト**

KH Coderを用いたご研究の成果を発表された際には、書誌情報をフォームにご記入いただけますと幸いです。

出版年： すべて -2010 11 12 13 14 15 16 17 18 19 20 21 2022- 最近追加
著者名： すべて あ か さ た な は ま や ら わ A-Z
キーワード： 社会心理 クリア

ヒット件数： 0048 / 5607

青陽千果 2019 「適応および不適応を捉える視点に関する研究 ―教員へのインタビュー調査による検討―」 『日本 社会心理 学会大会発表論文集』 60: 126 Link

有吉美恵・錦谷まりこ 2021 「シニア世代の社会活動継続を支えるうれしい言葉の検討」 『 社会心理 学研究』 37(1): 50-60 DOI

安念保昌・高橋徹 2019 「PD ゲームにおける視線分析(2) ―関係性による視線推移構造の差異―」 『日本 社会心理 学会大会発表論文集』 60: 137 Link

石山玲子 2015 「健康に関するCMにおける質的分析を試みて ―5CMを事例に―」 『日本 社会心理 学会大会発表論文集』 56: 397

大西彩奈・堀内孝 2019 「認知された家族の諸側面 ―計量テキスト分析による男女比較―」 『対人 社会心理 学研究』（大阪大学） 19: 8-13 Link

岡本卓也 2017 「登山動機と登山の意味」 『日本 社会心理 学会大会発表論文集』 58: 330

**図1.9　KH Coder の活用事例の検索結果（例）**

その他，Text Mining Studio[20]やVextMiner[21]のような商用テキスト分析ツールのウェブサイトで，ビジネス分野における活用事例が公開されていることもあります。

言うまでもなく，インターネットで公開されていない重要な文献も数多くあります。文献調査を行うにあたっては，電子化されていない学会誌や専門書もチェックするようにしましょう。インターネット上で手に入らない文献を入手するには，一般に販売されているものであれば購入する，公共図書館や国立国会図書館を

---

※ 20　https://www.msi.co.jp/tmstudio/index.html
※ 21　http://www.vext.co.jp/product/vextminer

利用する，大学図書館を利用する[22]，論文を発行している団体に問い合わせる，著者に直接問い合わせるなどの方法があります。そして，興味深い論文に出会ったら，その論文で引用されている論文を次に読んでみましょう。論文を読んで，その論文で言及されている論文を読み，またそこで引用されている論文を読むという芋づる式の文献収集法は，特定の分野やテーマを体系的に学ぶ上で非常に有効です。

テキストアナリティクスは，社会のいたるところで活用されています。前述のように，テキストアナリティクスという用語は 21 世紀に入ってから広く使われるようになったものですが，テキストデータを定量的に分析する手法は 19 世紀から存在する計量文献学に由来しています。次節では，長い歴史を持つ計量文献学について簡単に見てみましょう。

## 1.4　テキストアナリティクスの歴史

テキストアナリティクスの祖先とも言える**計量文献学**の起源は，19 世紀イギリスの数学者オーガスタス・ド・モルガンによる『新約聖書』の研究までさかのぼると言われています(村上, 2004)。彼は，1851 年に友人に宛てた手紙の中で，『新約聖書』の「パウロの書簡」の著者を推定するにあたって，1 単語あたりの平均文字数に基づく分析手法を提案しました[23]。同様に，アメリカの物理学者トマス・メンデンホールは，ワードスペクトルという概念を提唱し，書き手によって好んで用いる単語の長さが異なることを示しました（金, 2009）。

また，20 世紀前半には，アメリカの言語学者ジョージ・キングズリー・ジップがジップの法則を発見しました。これは，単語の出現順位と出現頻度の間に関連があることを示した法則です。**図 1.10** は，ルイス・キャロルの『不思議の国のアリス』におけるすべての単語の出現順位（横軸）と出現頻度（縦軸）を散布図にしたものです。この図を見ると，最も多く出現していた単語の頻度が極めて

---

[22]　大学の教職員や学生でなくても，卒業生や近隣住民が利用できる大学図書館は存在します。詳しくは，出身大学や近隣の大学の図書館に問い合わせてください。また，自分がアクセスできる図書館に目当ての文献が所蔵されていなくても，所蔵している図書館からコピーを取り寄せる，あるいは，他の図書館に入るための紹介状を発行するなどのサービスを提供している場合もあります。

[23]　1 単語あたりの平均文字数とは，分析対象の文章に表れるすべての単語に関して，何文字から構成されているかを計算し，その平均を取ったものです。

第 1 章　テキストアナリティクス入門

高く（冠詞の "the" が 1639 回），それに続く少数の単語の頻度がやや高く，ほとんどの単語は 1 回しか出てこないことがわかります。

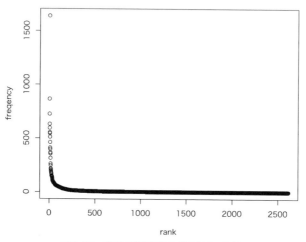

**図 1.10　単語の出現順位と出現頻度の関係**

　そして，出現頻度と出現順位のそれぞれの対数を取ってから，散布図にしたものが**図 1.11** です。

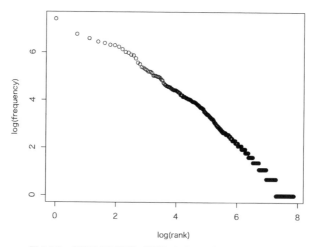

**図 1.11　単語の出現順位（対数）と出現頻度（対数）の関係**

　こちらの図を見てみると，図中の点（個々の単語）が大まかに左上から右下に向けて並んでいることがわかるでしょう。つまり，テキストにおける単語の出現順位と出現頻度を用いて，その一方から他方をある程度予測することが可能になるのです。この法則は，世界中の様々な言語における語彙頻度で実証されているだけでなく，ウェブページのアクセス数，都市の人口，音楽における音符の使用頻度，細胞内での遺伝子の発現量，地震の規模，固体が割れたときの破片の大きさなど，多様な自然現象・社会現象にも見られることが明らかにされています[24]。

　我が国でも，計量文献学の研究者たちは，紫式部以外の著作である可能性が指摘されてきた『源氏物語』の「宇治十帖」の著者推定や，直筆の資料ではなく写本という形でしか現存しない日蓮遺文の真贋鑑定などの課題に取り組んできました（村上, 1994）。また，言語資料の定量的研究を目的とする計量国語学会[25] は，この分野では世界的にも早い 1956 年に結成されています。

　なお，計量文献学には，計量言語学，計算言語学，数理言語学，コーパス言語学などの関連領域が存在します（伊藤, 2002）。これらの学問領域は，いずれもコンピュータや数理的な手法を用いたテキスト分析を目的としています。テキストアナリティクスの理論的な背景について専門的に学びたい方は，これらの言語学に関する書籍を読んでみるとよいでしょう。そんなにたくさん読めないという方も安心してください。次章で，テキストアナリティクスの理論的な枠組みをわかりやすく説明します。

---

※ 24　https://ja.wikipedia.org/wiki/ ジップの法則
※ 25　http://www.math-ling.org/

## Column … ビジネスにおけるテキストアナリティクス

　近年，テキストアナリティクスやテキストマイニングの技術が急速に発達し，本章で見てきたように，社会の様々な領域で活用されています。しかし，古典的なテキスト分析は，学術分野だけでなく，ビジネス分野にも以前から存在していました。具体的には，**表 1.1** にあるようなマーケティングや業務改善の一環として，アンケートやインターネット上の文章の解析が行われてきました。

**表 1.1　ビジネスにおけるテキストアナリティクスの活用**（脇森, 2013）

| 部　門 | 用　途 |
|---|---|
| 品質管理 | 製品やサービスの不具合を早期に発見 |
| 商品企画 | 商品開発につながる消費者ニーズの把握，競合商品との比較 |
| 広報 | ニュースリリースやプロモーションの反響分析 |
| 接客 | 応対品質の改善 |
| リスク管理 | 自社に対する風評の監視 |

　たとえば，キヤノンが新型プリンターを発売した際，顧客層が拡大し，新規顧客からのコールセンターへの問い合わせ件数が大幅に増加しました。これに対して，同社は，コールセンターに寄せられる年間約 600 万件もの要望や意見の分析にテキストマイニングの技術を活用することで，サポート対応の時間短縮，操作マニュアルの改善を実現しました（石井，2002）。また，ライオンは，全国の小売店に店頭巡回員を派遣し，商品の売れ行きや陳列状況，顧客や店員の評判などを調査しています。同社は，毎月約 8000 件提出される報告を効率化に分析するために，テキストマイニングを導入しました。その結果，自社製品の情報，他社製品の情報，エリア別の情報などに関して，膨大な日報に目を通さなくても，簡単に販売動向を把握できるようになりました（住田・市村，2001）。より新しい活用事例や活用方法については，那須川他（2020）や石井（2022）を参照してください。

# テキストアナリティクスの理論的枠組み

## 2.1 テキストデータの構築

　言うまでもなく，テキストアナリティクスを行うためには，分析対象となるテキストデータが必要となります。そして，そのテキストデータの質が分析結果に大きく影響します。何らかのデータを分析する場合，華やかなデータ解析手法や高度なプログラミング技術に注意を向けがちですが，きちんとしたデータを集めることが最も大切なことです。実際，コンピュータの世界では，"garbage in, garbage out"（ゴミを入れればゴミが出てくる＝ダメなデータからはダメな結果しか得られない）という言葉がよく知られています。

　データの収集にあたっては，分析対象とするデータの設計をする必要があります。まずは，分析対象の**母集団**を想定します。たとえば，あなたが村上春樹の文体について明らかにしたいのであれば，母集団は，彼の全著作ということになります。また，特定の商品に関するインターネット上の評判に関心があるのならば，母集団は，その商品について書かれたすべてのブログやツイート，掲示板の書き込みなどです。そして，現代日本語についての学術的研究を行いたいという場合は，現代日本におけるすべての日本語を母集団とします。これらの例から推測できるように，母集団が具体的な小規模なものであるほど，データの設計と収集は容易になります。逆に，「現代日本におけるすべての日本語」のように抽象的で大規模な母集団を想定する場合は，「現代」とは一体いつからいつまでなのか，「日本における」日本語には日本に住む外国人が書いた（もしくは話した）ものが含まれるのか，「すべての日本語」には出版物として刊行されたものだけではなく日常会話などが含まれるのかといった非常に多くの点を明確に定義する必要が生じます。さらに問題となるのは，定義した母集団に含まれるデータをすべて入手できるとは限らないということです（たとえば，2022 年 1 月 1 日に東京都内で

第 2 章　テキストアナリティクスの理論的枠組み

発話されたすべての日常会話や独り言を収集するのは，事実上不可能でしょう）。そこで，実際のデータ解析では，「現代書籍すべて」ではなく「出版目録に記載されている 2000 年以降の書籍すべて」，あるいは，「商品 $X$ に関するクチコミすべて」ではなく「2022 年 1 月 1 日から 12 月 31 日における『商品 $X$』という文字列を含むツイートすべて」のように，より現実的な母集団を定義することが多いです（石川, 2012）。

　学術的には，以上のように具体的な設計基準に基づいて収集されたテキストデータの総体を**コーパス**と呼びます[※26]。また，作成したコーパスが母集団の特性をよく反映している場合, そのコーパスが**代表性**を持っていると表現されます。実務では，主に時間的・金銭的な制約から，すでに手許にあるデータのみを用いた分析を行うこともあるでしょう。しかしながら，原則として，データは分析の目的に合わせて作るものであるということを忘れてはいけません。

　データの母集団が決定したら，データの収集を行います。もし想定した母集団が具体的かつ小規模なものであるならば，可能な限り，すべてのデータを入手しましょう。しかし，母集団が大きなものである場合，そのすべてを集めることは難しく，一部を**抽出**することになります。一般的に，母集団すべてを調査対象とすることを**全数調査**と言い，母集団の一部のみを調査対象とすることを**標本調査**と言います[※27]。標本調査では，母集団の特性をできるだけ再現できるような形で一部のデータを抽出し，そのようにして作った標本を分析することで，本来その調査で明らかにしたい母集団の特性を推定します。**図 2.1** は，このような母集団と標本の関係を可視化したものです。

---

[※26]　明確な設計基準を持たないテキストデータも「コーパス」と呼ぶこともありますが，厳密に言えば，そのようなデータは「テキストアーカイブ」と呼ばれるべきです。また，明確な設計基準を持つデータを「狭義のコーパス」, それを持たないテキストデータを「広義のコーパス」とする場合もあります。

[※27]　全数調査のことを悉皆調査と言うこともあります。

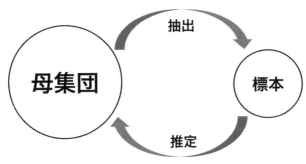

**図 2.1　母集団と標本の関係**

　最もシンプルな抽出方法としては，**単純無作為抽出法**があります。これは，サイコロや乱数を使って，母集団からランダムに標本を抜き出す方法です。たとえば，1 行に 1 つのテキストが記載されている形式のリストから 100 種類のテキストを選ぶには，コンピュータで乱数を 100 個発生させて，得られた数値に対応する行にあるテキストを抜き出すなどの方法を取ります。また，より発展的な抽出方法として，**層化無作為抽出法**があります。これは，あらかじめ母集団をいくつかのサブグループに分割し，個々のサブグループごとに無作為抽出を行う方法です。イメージとしては，ある歌手がこれまでに発表したすべてのオリジナルアルバム（母集団）から抽出を行うにあたって，個々のアルバム（サブグループ）から無作為に 2 曲ずつ抽出するといった手順となります。この際，必ずしもすべてのアルバムから同じ数を抽出しなければならない訳ではありません。10 曲入りのアルバムからは 2 曲，15 曲入りのアルバムからは 3 曲といったように，サブグループの大きさに比例した数を抽出する方法もあります。これを**比例配分法**と言います（**図 2.2**）。層化無作為抽出法を用いる場合，何をサブグループと見なすか，個々のサブグループから抽出する数をいくつにするかなどによって，最終的な分析結果が変わる可能性があります。しかし，自分の分析計画に応じて，適切なサブグループの定義をすれば，単純無作為抽出よりも信頼性の高い分析結果を得られるでしょう。他にも様々な抽出方法がありますが，大規模なテキストデータを扱うコーパス言語学の研究では，層化無作為抽出法がよく用いられています。

第2章　テキストアナリティクスの理論的枠組み

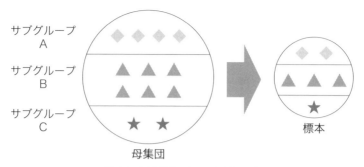

図 2.2　層化抽出における比例配分法

　さらに，抽出にあたっては，どれくらいの標本を母集団から抽出するかという
データサイズの問題についても考えなければなりません。データの規模に関する
明確な基準は存在しないものの，一般的には，大きければ大きいほどよいと言わ
れています。たとえば，アンケートの自由回答データが大量にあれば，稀ではあ
るものの決して見逃してはならない苦情，あるいはニッチな顧客のニーズなどを
すくい上げることができます。そして，統計学では，標本から得られた頻度から
母集団における頻度を推定する際の精度は，標本の大きさの平方根に比例するこ
とが知られています（石川, 2012）。ただ，その一方で，大規模なデータを構築
するには，多大な労力や費用がかかることも事実です。やはり現実的には，「で
きるだけ」多くのデータを収集するように努めることになるでしょう。

　最近は，インターネット上に膨大なデータが存在し，それらを自動的に収集す
るためのツールも開発されています。そのようなデータを使えば，1日で数百万
語，数千万語のデータを集めることもできます。しかし，素性の知れないデータ
ばかりをたくさん集めても仕方ありません。データの質を犠牲にしてまで，デー
タの量にこだわるのは避けるべきです[※28]。データサイエンスの分野でも，デー
タの質を考慮せずに量だけ増やしていくと分析結果の信頼性が下がっていくと報
告されています（Meng, 2018）。安易にビッグデータブームに踊らされることな
く，分析の目的に合った信頼性の高いデータを作ってください。

　また，データ分析の基本は，何かと何かを比べることです。1種類のデータを
眺めているだけでは，それほど画期的なことはわかりません。たとえば，芥川龍

---

※ 28　もちろん，明確な計画を持ってウェブデータを収集・分析する場合は話が別です。

之介と太宰治の文体はどう違うのか（書き手の比較），キャンペーン実施前とキャンペーン実施後ではクチコミがどう違うのか（時期の比較），男性と女性ではアンケートの回答パターンがどう違うのか（性別の比較），20代の消費者と60代の消費者の要望や苦情はどう違うのか（年代の比較），新聞広告とインターネット広告ではキャッチコピーがどう違うのか（メディアの比較）のように，異なる性質のデータを比較し，それぞれのデータの特徴を明らかにする過程で新たな知見が得られることも少なくありません。したがって，テキストデータの構築にあたっては，均質なテキストばかりを集めるのではなく，上記のような比較を想定したデータ収集をするとよいでしょう。

**Column … テキストデータ収集と著作権**

　データ収集を行う際は，著作権に配慮する必要があります。書籍として刊行された出版物はもとより，インターネット上のブログ記事などにも著作権が存在します。テキストデータを収集する場合，収集の対象となる各文書の著作権者と協議し，法的な許諾を得るようにしましょう。

　現在，我が国では，著作権法第30条の4（著作物に表現された思想又は感情の享受を目的としない利用）に該当する場合には，著作権の侵害となりません。また，著作権法第47条の5（電子計算機による情報処理及びその結果の提供に付随する軽微利用等）に該当する場合も，著作権の侵害にはなりません。しかしながら，著作権に関する法的な判断は，ケースバイケースで下されることも多く，非常に難しい問題です。何か不安を感じた場合は，専門家に相談するのが安全です。

## 2.2　テキストデータの分析

　テキストデータが収集できたら，次はデータ分析です。**図 2.3** は，テキストアナリティクスにおける分析の流れを図示したものです（あくまで典型的な例で，これがすべてではありません）。言うまでもなく，よいデータ分析には，よい分析計画と，よいデータ設計が不可欠です。そして，テキストの分析には，**自然言語処理**や**統計学・機械学習**などの技術が用いられます。テキストアナリティクスを「料理」で喩えるならば，テキストデータが「素材」で，それを調理する包丁やオーブントースターといった「道具」が自然言語処理や統計学・機械学習となります。

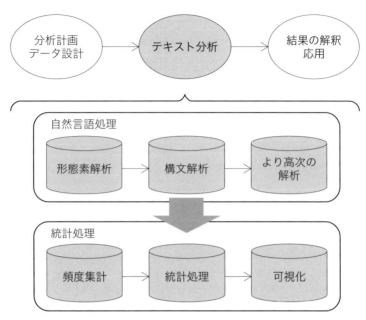

**図2.3　テキストアナリティクスにおける分析の流れ**

　まず，自然言語処理の技術から説明します。**形態素解析**とは，コンピュータを用いた単語の同定に関する解析で，具体的には，単語分割，単語に対する品詞情報の付与，単語の原形の復元という3つの処理を含みます[29]。これらの手順を簡単に言うと，「私は冷たいビールを飲んだ」という文を「私／は／冷たい／ビール／を／飲ん／だ」のように1語ずつ分割し，「私」が代名詞で「は」が「助詞」であるといった品詞情報を付与し，「飲ん」の基本形は「飲む」であるといった基本形の同定を行います（**図2.4**）。代表的な日本語の形態素解析ツールとして，MeCab[30] や ChaSen[31]，JUMAN[32] などが知られています。

---

私は冷たいビールを飲んだ

形態素解析

私　　は　　冷たい　ビール　を　　飲ん　だ
　　　　　　　　　　　　　　　　　　（飲む）
名詞　助詞　形容詞　名詞　　助詞　動詞　助動詞

**図 2.4　形態素解析のイメージ**

　また，**構文解析**とは，文における単語の係り受け関係（修飾・被修飾関係）を明らかにする処理です。たとえば，「私は冷たいビールを飲んだ」という文から「私は」「飲んだ」という主語・述語の関係，「冷たい」「ビール」や「ビールを」「飲んだ」のような修飾・被修飾の関係などを抽出します（**図 2.5**）。しかし，「美しい猫の図鑑」のように，「美しい」が「猫」と「図鑑」のどちらを修飾しているのか（その部分だけからでは）わからない場合もあります。代表的な日本語の構文解析ツールとしては，CaboCha[33] や KNP[34] などがあります。

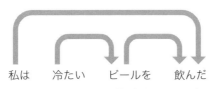

構文解析

私は　　　冷たい　　ビールを　　飲んだ

**図 2.5　構文解析のイメージ**

　そして，形態素解析や構文解析のあと，分析の目的によっては，単語の意味や文章の一貫性に関する，より高次の解析を行うこともあります[35]。ただし，複雑な解析は自動化が難しく，解析精度もそれほど高くありません。たとえば，「うちの息子は親の金で贅沢な暮らしをしている」という文の「贅沢な」がネガティブな意味合いを持っているのに対して，「松坂牛の贅沢な味わい」における「贅沢な」はポジティブな意味合いを持っています。機械で言語を自動処理するにあたっては，このような問題が多く生じるため，構文や意味の解析を行わず，形態

---

※ 33　https://taku910.github.io/cabocha/

※ 34　https://nlp.ist.i.kyoto-u.ac.jp/index.php?KNP

※ 35　第 1 章 1.2 節で紹介した感情分析もこれに含まれます。

第 2 章　テキストアナリティクスの理論的枠組み

素解析までにとどめる場合も多いです[36]。

　次に，統計処理の説明をします。統計処理は，大量のデータから有用な知識を取り出すための一連のプロセスのことです。テキストアナリティクスの場合は，分析データから単語などの頻度を集計し，何らかの統計処理を行います。そして，様々なグラフを用いて，頻度集計や統計処理の結果を可視化することも多いです。頻度集計については第 6 章，統計処理と可視化については第 5 章で，それぞれ解説します。

　自然言語処理と統計処理が終わったら，それらの処理から得られた結果がどのような意味を持っているのかを深く考察します。最近の便利なツールを使えば，複雑な統計処理を一瞬で行うことができます。しかし，「データ $A$ よりもデータ $B$ の方が形容詞の頻度が高かった」，「書き手 $C$ よりも書き手 $D$ の方が 1 文あたりの平均単語数が多かった」といった結果は，分析者の研究や業務にとって，具体的にどのような意味があるのでしょうか。それについて，分析ツールはほとんど何も教えてはくれません。研究上や業務上の問題を解くヒントを与えてくれますが，実際に問題を解くのは分析者自身です。そして，結果の解釈には，単なるコンピュータやデータ分析の知識だけではなく，研究対象やビジネスに関する深い理解が必要となります。たとえ同じ結果であったとしても，少し見方を変えると，まったく別の解釈が導き出されることもあります。1 人ですべての分析と解釈を行うのが難しい場合は，複数の分野の専門家から構成されるチームを結成し，共同して作業を行うのもよいでしょう。

　ここで，テキストアナリティクスで分析対象とする言語項目について，簡単に確認します。テキストアナリティクスでは，データに含まれるすべての単語を分析対象とする場合もあれば，一部の単語のみを対象とすることもあります。一般的に，前者はすべての単語を網羅的に調べていく過程で何か有用な情報を発見しようとする仮説発見型のアプローチであり，後者はより明確な分析目的について検討する仮説検証型のアプローチであると言われています。ただ，いずれのアプローチを選ぶにせよ，言語そのものに関する知識が求められます。**表 2.1** と **表 2.2** は，日本語のテキスト分析で扱われることの多い言語項目（の一部）をまとめたものです。もちろん，これ以外の品詞などが分析項目として扱われることもあり

---

[36]　意味解析や談話解析，文脈解析といった高次の自然言語処理については，岡﨑他（2022）などを参照してください。

ます。

表 2.1　テキストアナリティクスで分析対象とされることの多い言語項目（品詞）

| 言語項目 | 主な役割・特徴 | 内容との関連 |
|---|---|---|
| 名詞 | 主語・目的語などとなり，人や物，空間・時間・数量など広く表す。「名詞＋だ」で述語にもなる。 | ◎ |
| 動詞 | 事物の動きや状態などを表し，主に述語となる。 | ◎ |
| 形容詞 | 人や物，ことがらなどの性質・状態を表す。名詞を修飾したり，述語となったりする。 | ○ |
| 副詞 | 状態や程度などを表し，主に動詞や形容詞を修飾する。 | ○ |
| 接続詞 | 語句や文をつなぎ，前と後ろの内容の関係を表す。 | ○ |
| 代名詞 | 主として名詞の代わりに用いられ，物や人，場所などを指し示す。指示詞（コソアド）と人称代名詞に二分される。 | ○ |
| 助詞 | 意味を持たず，ある単語の後について，他の単語との関係を表したり，主体の心的な態度に関わる意味を表したりする。「〜を」，「〜に」，「〜ね」など。 | △ |
| 助動詞 | 主として動詞と結びつき，打ち消し・過去・推量・伝聞・受身・使役・丁寧などを表す。 | △ |

表 2.2　テキストアナリティクスで分析対象とされることの多い言語項目（品詞以外）

| 言語項目 | 主な役割・特徴 | 内容との関連 |
|---|---|---|
| 読点 | 読点を打つ位置は，書き手による文体の違いを反映する。 | △ |
| 文字種 | ひらがな，カタカナ，漢字などから成り，一般的に漢字が多いほど難しい文章とされる。 | △ |
| 語種 | 和語，漢語，外来語などから成り，一般的に漢語が多いほど難しい文章とされる。 | △ |
| 文の長さ | 文構造の複雑さと関連するため，一般的に文が長いほど難しい文章であるとされる。 | △ |

　どのような言語項目を選ぶべきかの判断は，分析の目的によって異なります。たとえば，どのような商品がインターネット上で話題になっているか，特定の時期や地域の新聞で大きく取り上げられている事件は何かといった文章の内容を分析したい場合は，具体的な物や人を表す名詞を調べます。また，クチコミ分析のように，「何が」言及されているかだけでなく，「どのように」言及されているかを知りたい場合は，物や人を修飾する形容詞を見ていきます。一方，特定の書き手やジャンルの文体に注目するときは，文章の内容に影響されにくい読点や助詞

第 2 章　テキストアナリティクスの理論的枠組み

などを分析対象とします※ 37。そして，外国人向けの日本語教材を作成する場合のように，文章の難しさが重要になってくる場合は，漢字の割合や文の長さといった指標を使うことがあります。

　テキストアナリティクスでは，単に言葉の表層的なパターンを記述するだけでなく，言葉の背後に潜むものを明らかにすることを目的とすることもあります。ここで，手前味噌ながら，1 つの分析事例を紹介したいと思います。それは，『機動戦士ガンダム』というアニメの台本における呼びかけ（固有名詞）を解析することで，登場人物のつながりを可視化した分析です。具体的には，アムロという登場人物の「了解，セイラさん。しかし。シャア，これが最後だ。」という発話から，「アムロ→セイラ」という呼びかけと「アムロ→シャア」という呼びかけを抽出し，このような他人に対する呼びかけの頻度を用いたネットワーク分析(鈴木, 2017) を行いました。図 2.6 は，頻度が 5 以上の呼びかけ（107 種類）を可視化した登場人物ネットワークです。

---

※ 37　日本語では，読点を打つ位置に関する明確なルールが存在しません。たとえば，「今日僕は学校に行った」という文において，「今日」のあとに点を打つか，「僕は」のあとに点を打つか，「学校に」のあとに点を打つかなどは，書き手の好みに委ねられています。しかも，書き手が無意識に読点を打つ場合も多いでしょう。したがって，読点の位置と頻度には，書き手の文章の癖が如実に反映されます（金他, 1993）。

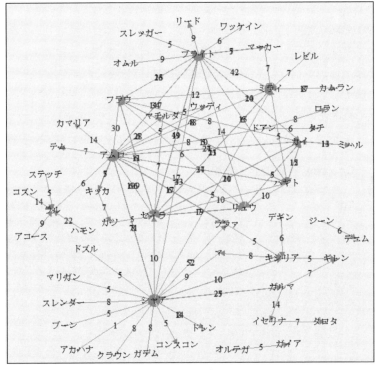

**図 2.6 『機動戦士ガンダム』の登場人物ネットワーク（石田・小林, 2013）**

　『機動戦士ガンダム』では，地球連邦軍とジオン軍という2つの勢力の争いが描かれています。図2.6を見ると，図中の上方で地球連邦軍のメンバーが密接に関係し合い，下方ではジオン軍のメンバーが関係し合っています。また，物語の主人公であるアムロ，アムロのライバルであるシャア，アムロの上官であるブライトの3人がネットワークにおいて中心的な役割を担っていることがわかります。そして，興味深いのは，セイラ（シャアの妹でありながら連邦軍に所属）とララァ（連邦軍のアムロとジオン軍のシャアと交流）という2人の女性が両軍の間に位置している点，シャアが自らの父親を殺したザビ家とは別のグループを形成している点，ザビ家の中で母親が異なるドズルのみが他の兄弟（ギレン，キシリア，ガルマ）や父親（デギン）と異なるグループに属している点，ジオン軍でありながらも独自に作戦を遂行しているラルのグループが別個に存在する点などです。この分析では，発話中の人名のみを扱っており，それ以外の情報は一切用

いていません。また，その人名が好意的な文脈で言及されているのか，それとも否定的な文脈で言及されているのか，あるいは，当人の目の前で発言されたものなのか，それとも当人のいない場所で発言されたのかなどを一切考慮していません。それにもかかわらず，作中の人間関係がほぼ忠実に再現されていることは注目に値するでしょう。ちなみに，このような対話形式データの分析は，アニメや戯曲の台本だけでなく，Twitter や Facebook，ブログや掲示板への書き込み，電子メールといったソーシャルデータの分析にも応用することができます。

### Column … 言語学への誘い

　テキストアナリティクスのツールを使えば，テキストの中で使われている単語の頻度を一瞬で集計することができます。しかし，その頻度集計の結果を解釈するのは，ツールではなく，分析者の仕事です。たとえば，ある政治家が演説で繰り返す「なぜ」には，一体どのような意味があるのでしょうか。また，「あなたを好きだけど」という歌詞と「あなたが好きだけど」という歌詞では，そこから生み出される効果にどのような違いがあるのでしょうか。言語感覚の鋭い人であればピンとくるかも知れませんが，「はて，なんだろう」と悩む方も多いのではないでしょうか。

　テキストアナリティクスにおける分析項目を検討したり，分析結果を解釈したりする際，言語学に関する知識が役立つことがあります。ひとくちに「言語学」と言っても，音声の研究，語彙の研究，文法の研究，意味の研究など，多種多様です。その中で人文・社会科学系の研究，もしくはマーケティングなどのビジネスに比較的役立つと思われるのは，レトリックや文体に関する研究だと思います。Amazon で「レトリック」や「文体論」をタイトルに含む書籍を検索してみると，数多くヒットします。もし面白そうな本があったら，ぜひ読んでみてください。電車の中やベッドの上で軽く読める言語学の本としては，J-POP の歌詞を例に品詞や文章技法をわかりやすく解説した山田（2014）や，社会言語学の観点から政治家の演説を分析した東（2007）などがおすすめです。人工知能との関連で言語学を学びたい人には，川添（2020）を面白く読めるのではないかと思います。また，テキストアナリティクスへの応用に限定せず，言語学全般を手軽に概観したい場合は，黒田（2004）が最初の 1 冊として最適です。そして，日本語の文法を本格的に学びたい方は，益岡・田窪（1992）などがおすすめです。

準備編

## 3.1　データセットの構築

　第 2 章 2.1 節でデータ収集に関する理論的な枠組みを説明しましたが，ここでは，具体的なデータ収集の手順を説明します。最初に電子化された（コンピュータで分析可能な）テキストデータの収集方法について，次に収集したデータの保存方法について扱います。

　電子化された言語データの集め方は，大きく分けて 4 種類あります。まず，最も単純な方法として，キーボード入力が挙げられます。この方法には非常に大きな労力がともないます。しかしながら，現代語では使われていないような文字や記号を使っている昔の写本など，自動的な電子化が難しいテキストを扱う場合は，手作業で電子化する必要があります。手作業による電子化にはミスがつきものですので，複数人によるダブルチェックなどの確認作業を行うとよいでしょう。

　2 番目の方法は，スキャナと**光学文字認識**ソフトウェアを用いるものです。光学文字認識の精度も完璧ではなく，手作業による修正が必要となります。しかし，多くの場合，手作業のみでコンピュータに入力するよりも速く作業を終えることができます。インターネットで「OCR　おすすめ」などと検索するとわかるように，数多くの光学文字認識ソフトウェアが販売されています。しかし，標準的な日本語のテキストが対象であるのならば，スキャナに付属しているソフトウェアでも十分な性能を発揮します。また最近は，Google Drive[38] を使って，オンラインで文字認識をすることも可能です。本書執筆時点の Google Drive の仕様では，「設定」画面で「アップロードしたファイルを変換する」にチェックを入れたあと，アップロードした画像ファイルを右クリックし，「アプリで開く」から「Google ドキュメント」を選択すると，文字認識を行った結果のファイルが作

---

※ **38**　https://www.google.com/intl/ja/drive/

第 3 章　分析データの準備

られます[39]。図 **3.1** は，『R によるやさしいテキストマイニング』（小林, 2017a）の一部を Google ドキュメントに変換した結果です。書式が少し崩れていますが，おおむね正しく文字が認識されています。

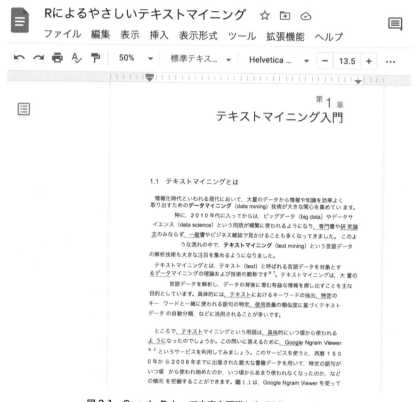

**図 3.1　Google Drive で文字を認識した PDF ファイル**

　3 番目の方法は，最初から電子化された形式でデータを集めるというものです。たとえば，図 **3.2** のように，Google フォーム[40] を使って，自由記述式のアンケートを実施することが可能です。また，Word や Excel で作ったアンケートをメールの添付ファイルなどで送ってもらうこともできるかも知れません。しかし，インターネット上でデータを収集する場合は，何らかの理由でインターネットにア

---

※ **39**　最新の仕様については，インターネットで「Google Drive　OCR」などと検索することで調べることができます。

※ **40**　https://www.google.com/intl/ja_jp/forms/about/

クセスできない人やコンピュータを使うことができない人が自動的に調査対象から除外されるために，紙媒体の調査を行った場合と結果が異なる可能性があります。

図 3.2　Google フォームによるアンケートの作成

　そして，4 番目の方法は，**スクレイピング**という技術を用いて，インターネット上のテキストを自動的に収集することです（第 9 章参照）。通常，スクレイピングをするためには，R や Python などのプログラミング技術が必要になります。しかし，プログラミングなしでテキストデータを自動で収集できるツールも存在します。たとえば，import.io[41] というツールや Scraper[42] という Chrome 拡張を使えば，ウェブ上から比較的簡単にテキストデータを集めることができます。

　以上が主な分析データの収集方法ですが，これ以外にも様々な方法が存在します。たとえば，言語研究や文学研究をする人であれば，青空文庫[43] のようなテキストアーカイブを利用することができます（**図 3.3**）。青空文庫では，すでに著作権が切れた文学作品などが多数公開されています。また，省庁や地方自治体が発行している白書や報告書[44]，首相官邸が公開している内閣総理大臣の演

---

※ **41**　https://www.import.io/

※ **42**　https://chrome.google.com/webstore/detail/scraper/mbigbapnjcgaffohmbkdlecaccepngjd

※ **43**　https://www.aozora.gr.jp/

※ **44**　http://www.kantei.go.jp/jp/hakusyo/

説※45 などを使って，社会学や政治学に関する実証的研究を行うことも可能です。その他，自分の興味や関心に合わせて，インターネット上でいろいろと探してみましょう。無償で公開されているデータと有償で公開されているデータがありますが，いずれの場合も著作権に十分に配慮して利用してください。

## インターネットの電子図書館、青空文庫へようこそ。

「青空文庫収録ファイルを用いた朗読配信をお考えのみなさまへ」

電子出版という新しい手立てを友として、私たちは《青空の木》を作ろうと思います。青空の本を集めた、《青空文庫》を育てようと考えています。

**図 3.3　青空文庫**

　データを入手できたら，データの保存方法について考えなければなりません。テキストアナリティクスのためのデータは，一般的に，**テキストファイル**の形式で保存します（3.2 節参照）。その際，分析の目的や好みにもよりますが，分析データを（ある程度）細かい単位で分割して保存しておくとよいでしょう。たとえば，芥川龍之介と太宰治の小説のコーパスを作る場合，芥川と太宰のデータをそれぞれ 1 つのファイル（合計 2 つ）にまとめるという方法があります。この方法は，芥川のテキスト全体と太宰のテキスト全体を比較する際には便利ですが，芥川（もしくは太宰）が書いた個々のテキストを比較する場合には不便です。複数のファ

---

※45　たとえば，第二百十回国会における岸田内閣総理大臣所信表明演説は
　　　https://www.kantei.go.jp/jp/101_kishida/statement/2022/1003shoshinhyomei.html

イルを自動でまとめるのは簡単ですが，単一のファイルを自動で複数に分割する
には多少の技術が必要になります。

　複数の分析ファイルを持っている場合は，階層的なファイル構造に保存したり，
ファイル名を工夫したりすることで，ファイルを効率的に管理することができま
す。**図 3.4** は，階層的なファイル管理の例です。この例では，データセット全体
が「literature_corpus」という名前のフォルダに含まれていて，芥川と太宰のデー
タがそれぞれ「Akuta_texts」と「Dazai_texts」というフォルダに保存されてい
ます。また，個々のファイルは，「Akuta_001.txt」のように，サブグループの名
前（この例では作家の名前）と番号から成っています。このように，ファイル名
の冒頭をサブグループ名にしておくと，個々のファイルがどのサブグループに属
するものかが一目瞭然です。そして，ファイル名をアルファベット順に並べ替え
るだけで，サブグループごとにファイルが分かれるため，ファイルの管理が容易
です。

　なお，ファイル名は，半角英数字と半角のアンダースコア（_）のみでつける
のが無難です。日本語などの全角文字，あるいは特殊記号やスペースなどがファ
イル名に含まれていると，分析ツールによっては正しく作動しない場合があり
ます。ファイル名をつけるにあたって，個々のテキストの名前が重要な場合は
「Akuta_Rashomon.txt」などとすることもありますし，執筆年代が重要な場合は
「Akuta_1915.txt」などとすることもあります。最適なファイル名やファイル構
造は，分析の目的によって異なります。一度つけたファイル名を大量に変更する
必要があるときは，ファイル名を一括変換するためのツールを使うという手があ
ります。関心のある方は，「ファイル名　一括変換　ツール」などで検索してみ
てください。

第3章　分析データの準備

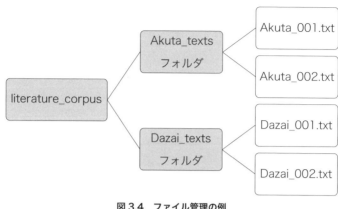

図 3.4　ファイル管理の例

## 3.2　テキストファイルの作成

　テキストアナリティクスのためのデータは，一般的に，テキストファイルという形式で用意します。テキストファイルは，改行やタブなどを除くと，文字だけから成るファイルです。したがって，Word ファイルのように，文字を装飾したり，複雑な書式を指定したりすることはできません。そのかわり，macOS やWindows といった異なる OS 間でも比較的互換性が高い，小さいファイルサイズで保存することができる，様々なプログラムやツールに対応しているなどの利点があります。なお，テキストファイルは，ファイル名の最後に「.txt」という拡張子がついています[46]。自分が使っているコンピュータで拡張子が表示されない設定となっているときは，「macOS　拡張子　表示」や「Windows　拡張子　表示」のように検索してみてください。

　たとえば，macOS X でテキストファイルを作成する場合は，「アプリケーション」の中にある「テキストエディット」を使うことができます。ただし，テキストエディットを使う場合は，**図 3.5** のように，メニューバーの「環境設定」の「フォーマット」で「標準テキスト」を選択する必要があります（初期設定のままだと，「リッチテキスト」という形式で保存されてしまいます）。

---

※ **46**　拡張子は，ファイル名の末尾に付いている「ピリオド＋英数字」で表されており，ファイルの種類を識別するために使われています（たとえば，Word は .docx で，Excel は .xlsx）。

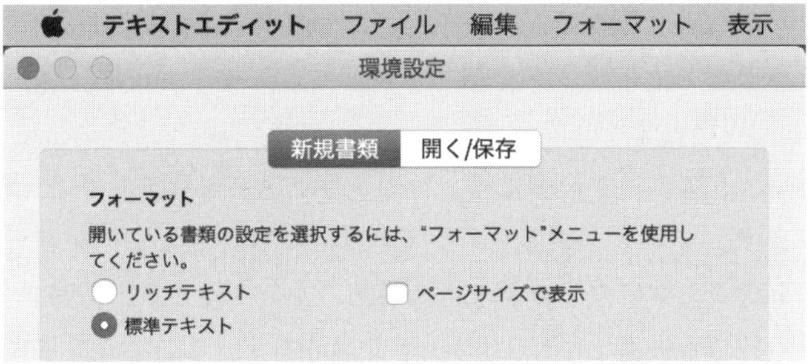

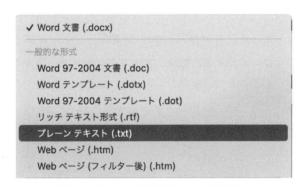

**図3.5 テキストエディットによるテキストファイルの作成**

そして，すでに Word で言語データを持っている場合は，**図3.6** のように，「プレーン テキスト（.txt）」という形式で保存し直します（その際，文字の装飾や書式に関する情報は失われます）[※47]。

**図3.6 Word によるテキストファイルの作成**

このように，macOS のテキストエディットを使えば，テキストファイルを簡単に作ることができます。しかし，テキストアナリティクスのためのデータセットを構築するには，より多機能な**テキストエディタ**を使った方が便利です。テキストエディタとは，テキストファイルを編集するための専用のソフトウェアで，文字情報の検索や一括置換の機能を備えています。「テキストエディタ　おすすめ」などと検索してみると，テキストエディタには様々な種類があり，その中に

---

[※47] 使用しているコンピュータの OS の種類，Microsoft Office のバージョンによって，若干画面が異なることがあります。そのようなときは，自分が使っている OS や Office のバージョンの情報で検索するとよいでしょう。

第 3 章　分析データの準備

は有償のものも無償のものもあります。どれを選ぶかは好みの問題ですが，**正規表現**が使えるテキストエディタを選ぶようにしましょう（正規表現については，3.4 節で詳しく説明します）。

　なお，テキストエディタの中には，**シンタックスハイライト**という機能を持つものもあります。シンタックスハイライトは，プログラミングなどをする際に，特別な意味を持つ文字列やプログラムの構造（シンタックス）に関する部分を色やフォントの種類で強調（ハイライト）する機能です。このような強調によって，プログラムが読みやすくなり，プログラミングのミスを防ぐと同時に，他の人が書いたプログラムを読みやすくするという利点もあります。たとえば，macOS X 用の CotEditor[48] というテキストエディタは，テキストアナリティクスでよく使われる Python や Ruby のようなプログラミング言語，さらには HTML（HyperText Markup Language）や XML（Extensible Markup Language）といったマークアップ言語（ウェブサイトなどを作成するための言語）に対応しています。**図 3.7** では，第 4 章以降で使う R のシンタックスをハイライトする設定をします。このようなハイライト機能は，テキストアナリティクスにとって必須ではありませんが，あると非常に便利なものです。自分の好きなテキストエディタが見つかったら，分析データをテキストファイル（.txt）の形式で保存し，適切なファイル名やフォルダ構造で管理しましょう。

---

※ **48**　https://apps.apple.com/jp/app/coteditor/id1024640650

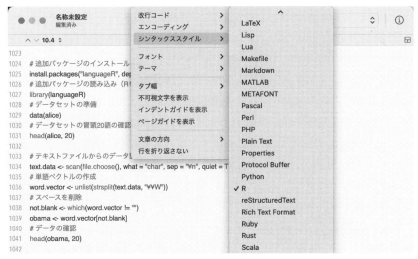

**図 3.7　CotEditor におけるシンタックスハイライト**

### Column … 文字コード

　日本語で書かれたテキストをコンピュータで分析する場合，**文字コード**に注意する必要があります。文字コードとは，コンピュータ上で文字を表示する方法のことです。現在，多種多様な文字コードが存在していますが，macOS では，UTF-8 という文字コードが使われることが多いです。それに対して，Windows では，Shift-JIS（= CP932）という文字コードが使われることもあります。したがって，異なる OS を併用している場合や，異なる OS を使っている人と共同で作業している場合，文字化けなどの問題が生じる可能性があります。そのようなときは，テキストファイルの形式でデータを保存する際に，適切な文字コードを選択してから，ファイルを開くようにしましょう。複数の文字コードの環境を使い分けている場合，ときどきファイルの文字コードがわからなくなります[49]。そのような心配があれば，「data_001_utf8.txt」のように，ファイル名に文字コードの情報を含めておくという予防策もあります。なお，文字コードについて体系的に学びたい方には，矢野（2018）がおすすめです。

---

[49]　本書で使用する R（第 4 章参照）では，Encoding 関数でテキストの文字コードを推定したり，iconv 関数で文字コードを変換したりすることができます。

## 3.3　CSV ファイルの作成

　テキストアナリティクスを行うにあたって，**CSV ファイル**という形式も覚え
ておきましょう。CSV というのは，Comma Separated Value の略で，コンマで
区切った値という意味です。実際のファイルは，**図 3.8** のようになっています。
イメージとしては，Excel におけるセルとセルの区切りが半角コンマで表現され
ている形式です（以下の例では，左側に作品名，右側に出版年の情報が書かれて
いて，その 2 つの情報が半角コンマで分割されています）。ただし，Excel ファ
イルと違い，文字の装飾や計算式などの情報を含めることができません。その
代わり，Excel 以外のソフトウェアや様々な分析ツールで開くことが可能です。
つまり，CSV ファイルと Excel ファイルの関係は，前節のテキストファイルと
Word ファイルの関係とよく似ています。

```
作品名，出版年
風の歌を聴け，1979
1973 年のピンボール，1980
羊をめぐる冒険，1982
世界の終りとハードボイルド・ワンダーランド，1985
ノルウェイの森，1987
```

**図 3.8　CSV ファイル形式の例**

　CSV ファイルの作り方にはいくつかの方法がありますが，恐らく最も手軽な
のは，Excel を使うことです。表形式のデータを Excel で保存する際に，「ファ
イル形式」で「CSV UTF-8（コンマ区切り）（.csv）」を選択することができます（**図
3.9**）。ただし，複数のシートを 1 つの CSV ファイルとして保存することはでき
ません。また，Excel を利用しない場合は，テキストエディタで図 3.8 のような
コンマ区切りのデータを作成し，「Murakami_Haruki.csv」のように，CSV ファ
イルの拡張子をつけることで，CSV 形式で保存することができます。

**図 3.9　Excel による CSV ファイルの作成**

　テキストアナリティクスで CSV ファイルを使う場面は，主に 2 つあります。1 つは，自由記述形式のアンケートを分析する場合です。たとえば，**表 3.1** のように，顧客の属性（性別や年代など）や満足度に関するデータとともに，自由回答形式のテキストが含まれているとします。このようなデータが CSV ファイルで保存されている場合，1 番右の列のデータをテキストアナリティクスの対象とすることができます。

**表 3.1　自由記述形式のアンケートの例**

| 性　別 | 年　代 | 満足度 | スタッフの対応について，具体的にお聞かせください |
|:---:|:---:|:---:|:---|
| F | 30 代 | 4 | 食事にあうワインに関する質問に対して，とても丁寧に答えてくれました。 |
| M | 50 代 | 3 | 特になし |
| M | 40 代 | 2 | それほど混んでいた訳でもないのに，店員を呼んでも，なかなかテーブルに来なかった。 |
| F | 20 代 | 5 | 店長さんがイケメンでよかったです！ |
| ⋮ | ⋮ | ⋮ | ⋮ |
| F | 60 代 | 4 | お肉を使わない特別なメニューに対応していただきました。 |

　もう 1 つは，テキスト分析（頻度集計など）の結果を CSV ファイルに保存し，それを R などのツールに読み込ませる場合です。たとえば，jReadability [※50] というフリーのテキスト分析ツールがあります。このツールを使うと，分析テキストの語数や文字数，語彙レベル構成率，品詞構成率，語種構成率，文字種構成率などの情報を容易に得ることができます（**図 3.10**）。また，「結果保存」というボタンをクリックすることで，解析結果を CSV 形式で保存することができます。

---

※ **50**　http://jreadability.net/

第3章　分析データの準備

そして，その解析結果を R のようなソフトウェアに読み込ませることで，さらなる統計解析や可視化を行うことが可能です。

図 3.10　jReadability によるテキスト分析結果（の一部）

**Column … Excel のピボットテーブル**

　初心者向けのテキスト分析ツールでは，一度の処理で 1 つのテキストしか解析できないこともあります。そのような場合は，Excel のピボットテーブルという機能を使って，**図 3.11** のように，複数の表を簡単に結合することができます。具体的には，まず，**図 3.12** のような表形式に変換します。ここで重要なのは，「テキストタイプ」のように，個々の数値がどのテキストに関するものなのかを識別するための列を追加することです。そして，**図 3.13** のように，列ラベルに「テキストタイプ」，行ラベルに「品詞」，値に「頻度」を割り当てると，2 つの表が結合されます（同じ要領で，3 つ以上の表を結合することもできます）。そのとき，「総計」という列や行なども生成されるので，不要であれば削除しましょう。また，いずれか一方のテキストタイプにしかない項目があった場合，他方におけるその項目のセルは空欄になります。こちらも，必要に応じて，「0」などの値を挿入しましょう[51]。ピボットテーブルは，プログラミングなしで複数の表を結合できる貴重な手段なので，覚えておくと役に立ちます。詳細については，Excel のヘルプを参照するか，「Excel　ピボットテーブル」などで検索してみてください。

---

※ 51　少し工夫をすれば，すべての空欄に「0」を一括で挿入することもできます。詳しくは，「Excel　表　空欄　0　一括挿入」などで検索してみましょう。

| | 小説 |
|---|---|
| 名詞 | 42 |
| 動詞 | 33 |
| 形容詞 | 25 |

| | 新聞 |
|---|---|
| 名詞 | 52 |
| 動詞 | 32 |
| 形容詞 | 16 |

| | 小説 | 新聞 |
|---|---|---|
| 名詞 | 42 | 52 |
| 動詞 | 33 | 32 |
| 形容詞 | 25 | 16 |

図 3.11　表の結合

| | A | B | C |
|---|---|---|---|
| 1 | 品詞 | 頻度 | テキストタイプ |
| 2 | 名詞 | 42 | 小説 |
| 3 | 動詞 | 33 | 小説 |
| 4 | 形容詞 | 25 | 小説 |
| 5 | 名詞 | 52 | 新聞 |
| 6 | 動詞 | 32 | 新聞 |
| 7 | 形容詞 | 16 | 新聞 |
| 8 | | | |

図 3.12　ピボットテーブルのための表の準備

| | A | B | C | D |
|---|---|---|---|---|
| 1 | **合計 / 頻度** | **列ラベル** | | |
| 2 | **行ラベル** | **小説** | **新聞** | **総計** |
| 3 | 形容詞 | 25 | 16 | 41 |
| 4 | 動詞 | 33 | 32 | 65 |
| 5 | 名詞 | 42 | 52 | 94 |
| 6 | **総計** | **100** | **100** | **200** |
| 7 | | | | |

図 3.13　ピボットテーブルの作成

ここでは詳しく説明できませんが，表中の数値を大きい順（もしくは小さい順）に並べ替える「並べ替え」の機能や，特定の条件に合致したデータのみを表示する「フィルター」の機能を併用すると非常に便利です。

## 3.4　テキスト整形

　電子化されたテキストデータを入手したあと，表記ゆれの統一や不要な記号の
削除などを行うために，**テキスト整形**という処理が必要になることがあります。
ここでは，正規表現に対応したテキストエディタを用いて，テキスト整形の手順
について説明します。正規表現とは，メタキャラクタと呼ばれる特殊な記号で表
現される文字列のパターンのことです。**表 3.2** は，正規表現におけるメタキャラ
クタの例です[52]。ただし，テキストエディタによっては，メタキャラクタの定
義が若干異なっていたり，独自のメタキャラクタが追加されていたりしますので，
エディタのヘルプも参照してください。また，実行環境によっては，バックスラッ
シュのかわりに円マークを用いる場合があります。

表 3.2　正規表現におけるメタキャラクタの例[53]

| メタキャラクタ | 意　味 |
| --- | --- |
| . | 改行以外の任意の 1 文字 |
| [ ] | [ ] 内の任意の 1 文字 |
| [^ ] | [ ] 内の文字列以外の任意の 1 文字 |
| ^ | 行頭 |
| $ | 行末 |
| \b | 単語の境界 |
| ( ) | ( ) 内の文字列をグループ化 |
| \| | \| の前後のいずれか |
| * | 直前の要素の 0 回以上の繰り返し |
| + | 直前の要素の 1 回以上の繰り返し |
| ? | 直前の要素の 0 ～ 1 回の繰り返し |
| {m} | 直前の要素の $m$ 回の繰り返し |
| {m,} | 直前の要素の $m$ 回以上の繰り返し |
| {m,n} | 直前の要素の $m$ 回以上，$n$ 回以下の繰り返し |
| \n | 改行 |
| \r | リターン[54] |
| \t | タブ |
| \s | 空白文字にマッチ |

---

[52]　様々なメタキャラクタが示されていますが，必ずしもすべてを覚えなければならない訳
　　　ではないので，安心してください。

[53]　ここでは，Perl 型の正規表現を紹介しています。

[54]　改行が \n ではなく \r で表現される場合があります。

| \w | すべての半角英数字とアンダースコア |
| --- | --- |
| \W | 半角英数字とアンダースコア以外すべて |
| \l | 半角英小文字すべて |
| \L | 半角英小文字以外すべて |
| \u | 半角英大文字すべて |
| \U | 半角英大文字以外すべて |
| \ | 直後の1文字をメタキャラクタとして扱わない[※55] |

　正規表現を使いこなせるようになると，テキスト分析の幅が格段に広がります。以下，実際のテキスト整形で頻繁に使う正規表現を紹介します。まずは，正規表現に対応したテキストエディタの置換機能を立ち上げてください。3.2節で紹介したCotEditorでは，メニューにある「検索」の「検索」を選択してください。そうすると，「検索と置換」というダイアログ画面が開かれます。開かれた画面には2つの入力ボックスがあり，上のボックスで指定した文字列が下のボックスで指定した文字列に置き換えられます。これらの2つのボックスの名前は，「置換前」と「置換後」，「検索」と「置換」など，テキストエディタによって異なりますが，その役割はほとんど同じです。

　最初は，単純な文字列の置換の例です。**図3.14**のように，「たぬきそば」，「きつねそば」，「わかめそば」，「月見そば」，「天ぷらそば」という文字列を対象に，「そば」を「うどん」に置き換える処理をしてみます。その結果が**図3.15**です。一目でわかるように，データの中身が「たぬきうどん」，「きつねうどん」，「わかめうどん」，「月見うどん」，「天ぷらうどん」に変わっています。これは非常に単純な例ですが，このような文字列置換を行うことで，「，」と「、」や「．」と「。」のような句読点の表記ゆれを統一したり，文末の「です」を「だ」に一括変換したりすることが可能です。

---

[※55] この表では一般的な正規表現を紹介していますが，Rで「直後の1文字をメタキャラクタとして扱わない」処理を行う場合は，\\のようにバックスラッシュを2つ重ねる必要があります。

第 3 章 分析データの準備

図 3.14　テキストエディタによる置換の実行

図 3.15　テキストエディタによる置換の結果

　しかし，複数の文字列を一括置換する場合，誤って別の単語も一緒に置換しないように気をつけてください。「そば」という文字列が必ずしも蕎麦を表しているとは限らず，「君のそばに立っている」や「こそばゆい」といった表現の一部である可能性もあります（これを「うどん」に置換すると，「君のうどんに立っている」や「こうどんゆい」という意味不明な文字列になってしまいます）。そんなことはあり得ないと思うかも知れませんが，「京都」（府）を対象とする処理が「東京都」という文字列にも影響を及ぼした，あるいは，「スマホ」（スマートフォン）の頻度を調べたつもりが「カリスマホスト」の一部も数えていた例などを実際に見たことがあります。何かを自動で一括処理しようとする場合は，これから自分が行う処理が具体的にどのような対象に影響を及ぼすのかについてよく

考えなければなりません。少しでも不安な場合は，いきなりすべての例を「置換」するのではなく，ひとまず「検索」してみて，自分の予想通りの文字列だけが対象になっているかを確かめるとよいでしょう。

　次に，正規表現を使って，不要な改行を削除する処理をしてみましょう[56]。図3.16のように，光学文字認識で電子化したテキストや電子メールなどは，文の途中で改行されていることが多いです。

いつもお世話になっております，
●●大学の◆◆です。
このたびは，10月に本学で開催するシンポジウムにて，
▲▲先生にぜひご講演をお願いいたしたく，
ご連絡させていただきました。

**図3.16　不要な改行を含むテキストの例**

　そのような場合，「検索」（置換前）に「\n」（＝改行）を入れ，「置換」（置換後）に何も入れないことで，テキスト中の改行を削除することができます（**図3.17**）。

いつもお世話になっております，　●●大学の◆◆です。このたびは，10月に本学で開催するシンポジウムにて，　▲▲先生にぜひご講演をお願いいたしたく，　ご連絡させていただきました。

**図3.17　改行を削除した例**

　また，正規表現を用いると，カッコに囲われた部分を一括で消去することもできます。たとえば，青空文庫で公開されているテキストには，**図3.18**のように，ルビがカッコ内に書かれているものが多く見られます。

　同じM県に住んでいる人でも，多くは気づかないでいるかも知れません。I湾が太平洋へ出ようとする，S郡の南端に，外《ほか》の島々から飛び離れて，丁度緑色の饅頭《まんじゅう》をふせた様な，直径二里足らずの小島が浮んでいるのです。

**図3.18　ルビがカッコ内に書かれている例[57]**

　そのような場合，「検索」（置換前）に「《.*?》」（＝《》で囲われている文字列すべて）を入れ，「置換」（置換後）に何も入れないことで，ルビを削除すること

---

[56] CotEditorで正規表現を使う場合は，「検索と置換」というダイアログ画面にある「正規表現」にチェックを入れます。

[57] これは，江戸川乱歩の『パノラマ島綺譚』の冒頭部分です。
http://www.aozora.gr.jp/cards/001779/card56651.html

第 3 章　分析データの準備

ができます（図 **3.19**）。

> 同じ M 県に住んでいる人でも，多くは気づかないでいるかも知れません。
> Ｉ湾が太平洋へ出ようとする，Ｓ郡の南端に，外の島々から飛び離れて，丁
> 度緑色の饅頭をふせた様な，直径二里足らずの小島が浮んでいるのです。

**図 3.19　カッコを削除した例**

　このような処理は，テキストのヘッダー部分を消去することに応用できます。
たとえば，図 **3.20** のように，テキストの冒頭に書誌情報が付与されていること
があります[58]。

```
<title>Finnegans Wake</title>
<author>James Joyce</author>
<publication_year>1939</publication_year>
```

**図 3.20　テキストの冒頭に書誌情報が付与されている例**

　もし出版年（publication_year）の情報だけを消去したいのであれば，「検索」
（置換前）に「<publication_year>.*?</publication_year>」を入れ，「置換」（置
換後）に何も入れなければ，開始タグ（= <publication_year>）から閉じタグ（=
</publication_year>）までを削除することができます[59]。さらに，複数のタグ
に囲われた部分を一括で消去したい場合は，「検索」（置換前）に「<.*?>.*?</.*?>」
を入れ，「置換」（置換後）に何も入れなければ，<> 形式のカッコに挟まれたす
べての文字列を削除することが可能です。なお，ここで使われている「.*?」とは，（0
文字以上の）任意の文字列を表しています。この正規表現は非常に汎用性が高い
ものなので，ぜひ覚えておいてください。

　ここで例として示した数行程度の文章であれば，正規表現など使わなくとも，
手作業で簡単に加筆・修正・削除ができるでしょう。しかし，テキストアナリティ
クスで対象とするデータは，数百行，数千行，数万行あることも珍しくありませ

---

[58]　テキストにおける <title></title> や <author></author> などの部分をタグと呼びます。
　どのようなタグをつけるかは，分析の目的に合わせて自分で決めることができます。た
　だ，個々の分析者が独自のタグを定義すると，データを共有する際などに不都合が生じ
　る場合もあるため，タグの付け方を共通化しようとする流れが存在します。ここでは深
　く立ち入りませんが，興味のある方は「TEI　Text Encoding Initiative」で検索するか，
　一般財団法人人文情報学研究所（2022）を参照してください。

[59]　特定の文字列の前後をペアとなっているタグが囲んでいる場合，直前のものを開始タグ，
　直後のものを閉じタグと呼びます。また，閉じタグには，スラッシュが含まれているの
　が一般的です。

ん。そのような大量のデータを手作業で処理することは，単に退屈であるだけでなく，疲労による見落としや間違いを招くことでしょう。テキスト分析者として，正規表現がある程度使えるか，使えないかは非常に大きな違いです。まずは，本節で紹介したような基本的な処理をマスターし，そのあとで，少しずつ他のメタキャラクタの使い方を覚えていきましょう。テキスト分析のための正規表現については大名（2012）が最も詳しく，正規表現一般については佐藤（2018）の解説がわかりやすいです。

### Column … 日本語文字のためのメタキャラクタ

　英語などの欧米系言語と比べて，日本語は文字の種類が多いため，テキストアナリティクスに用いる正規表現も特殊なものとなります。たとえば，基本的にアルファベット 26 文字の大文字と小文字しかない英語の場合，大文字だけを対象としたいときは [A-Z]，そして，小文字だけのときは [a-z] と指定できます。これに対して，ひらがな・カタカナ・漢字については，アルファベットのように簡単に指定する方法はありません（ただし，ソフトウェアによっては，ひらがな・カタカナ・漢字のそれぞれを \p{Hiragana}，\p{Katakana}，\p{Han} などと表すことができます）。日本語の文字に関する正規表現については，大名（2012）などを参照してください。

## 4.1　R の導入

　本書では，データ分析に **R** というソフトウェアを利用します。R とは，多様なデータ分析機能とグラフィックス作成機能を備えたデータ解析環境です。このソフトウェアは

(1)　誰でも無償で使用することができる

(2)　macOS，Windows，Linux といった複数の OS 上で動作させることができる

(3)　拡張機能が無償の「パッケージ」という形で配布されているために最新のデータ解析手法をすぐに試すことができる

などの利点を持っています。R は，最先端の統計学研究から様々なビジネス領域まで幅広く用いられており，「統計計算の共通語」としての役割を担っています。

　R を使いこなすためには，プログラミングについて少し学ばなければなりません。マウス操作のみでデータ分析ができるツールもありますが，ユーザーフレンドリーなツールにはいくつかの欠点があります。たとえば，既存のツールには多くのユーザーが利用する最大公約数的な機能しか搭載されておらず，自分に必要な機能が用意されているとは限りません。また，一部のツールでは，データ処理の過程がブラックボックスとなっているために，出力結果の正しさを検証することが難しく，検証の必要性自体も意識されにくくなります。それに対して，分析者の目的に合わせて独自の解析プログラムを作成することの利点は計り知れません。自らプログラムを作ることで，既存のツールではできないような分析も可能になります。最初は慣れない処理に戸惑うこともあるかも知れませんが，少しず

第 4 章　R の基本

つ着実に学んでいきましょう[※60]。

　まず，R のインストール手順について説明します。R の公式ウェブサイト[※61]（**図 4.1**）にアクセスし，左側のメニューから **CRAN**（The Comprehensive R Archive Network）をクリックします。そうすると，世界各地にあるミラーサイト（メインサイトのコピー）の一覧がアルファベット順で表示されます。そこから「Japan」のサイトを選びます（本書執筆時点では，統計数理研究所と山形大学のミラーサイトがあります）。次に，ミラーサイトの上部にある「Download and Install R」から自分の OS に合わせたリンクをクリックします。たとえば，macOS 版をインストールする場合は，その先にある「Download R for macOS」のページで，自分の CPU に合わせた pkg ファイルをダウンロードしてください。なお，本書執筆時点でのバージョンは，R 4.2.2 でした。

# The R Project for Statistical Computing

[Home]

**Download**

CRAN

**R Project**

About R
Logo
Contributors

## Getting Started

R is a free software environment for statistical computing and graphics. It compiles and runs on a wide variety of UNIX platforms, Windows and MacOS. To **download R**, please choose your preferred CRAN mirror.

If you have questions about R like how to download and install the software, or what the license terms are, please read our answers to frequently asked questions before you send an email.

**図 4.1　R の公式ウェブサイト**

　ダウンロードしたファイルをダブルクリックすると，インストールが開始されます。ここでは，すべてデフォルトの設定のまま「続ける」を押していくことを推奨します。途中で使用許諾契約に同意を求められますが，特に問題がなければ，同意して先に進んでください。macOS の場合，インストールが完了すると，「アプリケーション」の中に R のアイコンが表示されます。

---

※60　本章の一部は，小林他（2020）の第 1 章を加筆修正したものです。
※61　https://www.r-project.org/

Rのアイコンをダブルクリックすると，Rが起動します。**図 4.2** は，起動したRの画面です。今後は，この画面上でRを操作することになります[※62]。なお，本書では，画面の上にある「R」，「ファイル」，「編集」，「フォーマット」などが並んでいる部分を「メニューバー」と呼び，その下にある「R version 4.2.2 (2022-10-31) -- "Innocent and Trusting"」と書かれている部分を「コンソール画面」，もしくは単に「コンソール」と呼びます（コンソール画面に表示されている文言は，Rのバージョンなどによって若干異なります）。

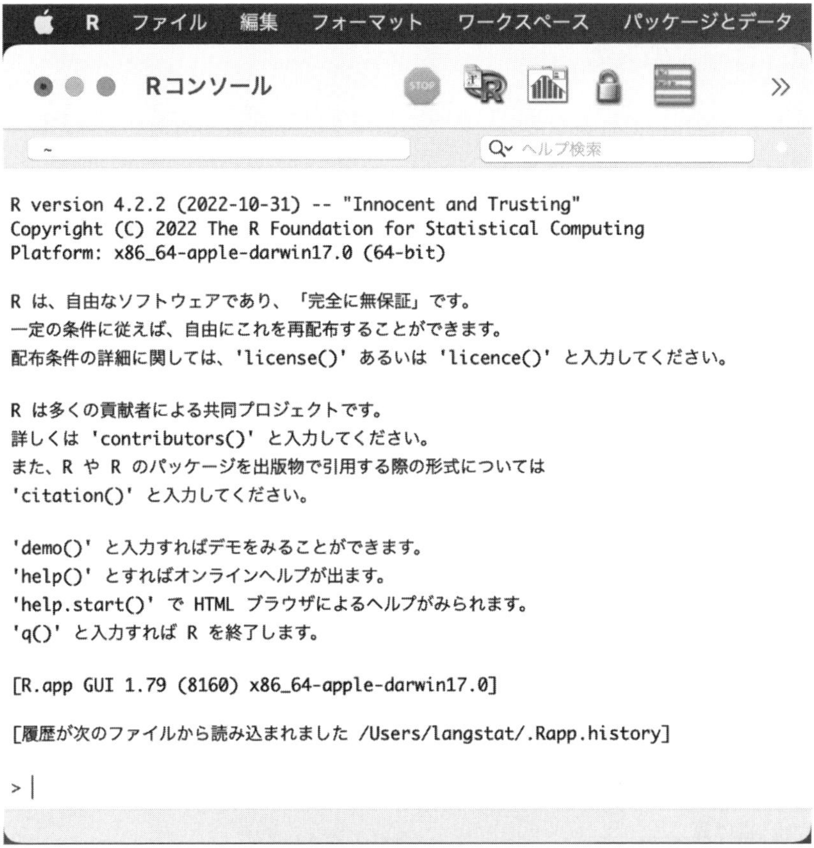
R
ファイル
編集
フォーマット
ワークスペース
パッケージとデータ
Rコンソール
ヘルプ検索
R version 4.2.2 (2022-10-31) -- "Innocent and Trusting"
Copyright (C) 2022 The R Foundation for Statistical Computing
Platform: x86_64-apple-darwin17.0 (64-bit)
R は、自由なソフトウェアであり、「完全に無保証」です。
一定の条件に従えば、自由にこれを再配布することができます。
配布条件の詳細に関しては、'license()' あるいは 'licence()' と入力してください。
R は多くの貢献者による共同プロジェクトです。
詳しくは 'contributors()' と入力してください。
また、R や R のパッケージを出版物で引用する際の形式については
'citation()' と入力してください。
'demo()' と入力すればデモをみることができます。
'help()' とすればオンラインヘルプが出ます。
'help.start()' で HTML ブラウザによるヘルプがみられます。
'q()' と入力すれば R を終了します。
[R.app GUI 1.79 (8160) x86_64-apple-darwin17.0]
[履歴が次のファイルから読み込まれました /Users/langstat/.Rapp.history]
>

**図 4.2　起動したRの画面**

---

**※62**　本書のようにRを直接操作する以外に，RStudio という開発環境を利用することもできます。 https://posit.co/products/open-source/rstudio/
RStudio については，浅野・中村（2018）などを参照してください。

また，R を終了する場合は，メニューバーの「R」から「R を終了」を選ぶか，コンソールに q() と入力してリターンキーを押すか，コンソール上部の終了ボタン（他のアプリケーションと同じ）をクリックしてください。このいずれかの操作を行うと，ワークスペースのイメージファイルを保存するか否かを尋ねられます。ここで毎回保存を選んでいくと，大きなデータが蓄積され，コンピュータのディスクスペースを圧迫します。そこで本書では，ワークスペースに保存しないことを推奨します。

## 4.2　コードの入力

それでは，R に慣れるために，最初に簡単な計算をしてみましょう。終了した R を再び起動し，以下の 1 + 2 という命令を打ち込んで，リターンキーを押してください。このような命令のことを**コード**と言います。なお，行頭の > は 1 つのコードの開始位置を示すもので，自分で入力する必要はありません。

```
> 1 + 2
```

そうすると，以下のように，1 + 2 の計算結果がコンソールに表示されます。行頭の [1] は，その処理から得られた出力の 1 つ目という意味です。

```
[1] 3
```

当然のことながら，足し算以外の計算もできます。なお，# で始まる部分はコメントで，R の処理から除外されます。本書では，# を使って，コードの説明などをします。

```
> # 引き算
> 2 - 1
> # 掛け算
> 2 * 3
> # 割り算
> 4 / 2
> # 累乗
> 3 ^ 4
```

　ここで，Rにおけるコードの書き方について少し補足します。コードを入力する際，空白を入れても入れなくても結果は変わりません。ただ，ある程度の空白を入れておいた方が見やすいでしょう。

```
> # 以下の処理はすべて「3」という同じ結果を返す
> 1+2
> 1+ 2
> 1 +2
> 1 + 2
>     1     +     2
```

　また，コードの途中でリターンキーを押してしまった場合，コードの開始位置を表す > ではなく，コードの途中であることを示す + が行頭に表示されます。このようなときは，+ のあとにコードの続きを入力するか，エスケープキーを押して処理を中断してください。

```
> # コードの途中でリターンキーが押された場合
> 1 +
+
```

　そして，コードを入力する際，コンソール上でキーボードの「▲」や「▼」などを押すと，これまでに使ったコードの履歴を表示することができます（「▲」を1回押すと1つ前のコードを，2回押すと2つ前のコードを呼び出すことができます）。この機能は似たようなコードを続けて入力する際に非常に便利なので，覚えておきましょう。

## 4.3　変数と代入

　では，ここから少しずつプログラミングの基礎について触れていきます。最初は，**変数**と**代入**について説明します。変数というのは，何らかのデータを一時的につけておく名札のようなもので，データに名札をつける処理を代入と呼びます。以下の例では，x という名前の変数に2という数値を代入しています。変数の名

第 4 章　R の基本

前は，半角英数字などを使って自由につけることができます※63。本書では，主に半角英数字，もしくはそれらを組み合わせたものを変数名として用います。また，代入にあたっては，半角記号の＜と－を組み合わせた <- という特殊記号を使います（これは左向きの矢印を表しています）※64。なお，別のデータを同じ名前の変数に代入すると，新しいデータが古いデータを上書きしてしまいますので，注意してください。

```
> # 変数に代入
> x <- 2
```

代入した変数の中身を確認する場合は，コンソールに変数名を入力します。そうすると，先ほど代入した 2 という数値が表示されます。ある程度プログラミングに慣れるまでは，代入するたびに，きちんと中身を確認するのが無難です。

```
> # 変数の中身を確認
> x
[1] 2
```

ちなみに，コードをカッコで囲むと，代入と同時に，変数の中身をコンソールに表示することができます。

```
> # 代入と同時に変数の中身を確認
> (x <- 2)
[1] 2
```

数値が代入された変数を使った計算をすることも可能です。以下の例では，x という変数に代入された数値に 1 を足しています。変数 x の中は 2 ですので，この計算結果は 3 となります。

---

※ 63　R では，大文字と小文字が区別されるため，変数 x と変数 X は別のものとして扱われます。また，break，else，for，function，if，in，next，repeat，return，while，TRUE，FALSE などの名前は，R において特別な意味を持っているため，変数名として用いることはできません。そして，「変数壱」のように，日本語（全角文字）で変数名をつけることもできます。しかし，一部の処理で不具合が出る可能性があるため，半角英数字を使うのが賢明です。

※ 64　代入記号として，= を使うことも可能ですが，R では <- が一般的です。

```
> # 変数を使った計算
> x + 1
[1] 3
```

また，複数の変数を使って，変数同士の計算をすることもできます。以下の例では，yという新しい変数に3を代入し，xとyを足しています。x + yは2+ 3に等しいため，その答えが5となります。このような変数を用いた計算は，Rによる統計処理で頻繁に用いられます。

```
> # 別の変数を作成
> y <- 3
> # 変数同士の計算
> x + y
[1] 5
```

## 4.4　ベクトル

次に，2つ以上の数値をグループ化する**ベクトル**について説明します。Rでは，ベクトルという形式で，複数の値を1つのまとまりとして扱うことができます。以下の例では，1から5までの数値をベクトル化し，xという変数に代入しています。その際，1から5までの数値をカッコで囲み，その左側にcという文字を書きます。このcは，単なる文字ではなく，「直後のカッコに囲まれた部分をベクトルに変換する」という特別な役割を担っています。このような特別な役割を持った文字列を**関数**と言います。また，Rの関数は，関数名 () という形式となっていて，カッコの中に入れたものに対して，その関数が持つ特殊な処理を適用します。

```
> # ベクトルの作成と代入
> # c関数は，ベクトルを作成するための関数
> x <- c(1, 2, 3, 4, 5)
```

代入したベクトルの内容を確認する場合は，コンソールに変数名を入力します。

また，ベクトルの長さ（要素数）を知りたいときは，length 関数を使います。

```
> # ベクトルの中身の確認
> x
[1]  1  2  3  4  5
> # ベクトルの長さ（要素数）の確認
> length(x)
[1] 5
```

そして，ベクトルの $n$ 番目の要素のみを取り出す場合は，ベクトル名 [n] を指定します。また，ベクトルの $m$ 番目から $n$ 番目までの要素を取り出す場合は，ベクトル名 [m : n] を指定します。

```
> # ベクトルの3番目の要素だけを取り出す
> x[3]
[1] 3
> # ベクトルの2番目から4番目の要素だけを取り出す
> x[2 : 4]
[1] 2 3 4
```

変数と同様に，ベクトルを使った計算やベクトル同士の計算を行うことも可能です。ベクトルを使った計算を行うと，以下の x * 2 の場合のように，ベクトル内のすべての要素に対して実行されます。

```
> # ベクトルを使った計算
> x * 2
[1]  2  4  6  8  10
> # 別のベクトルを作成
> y <- c(6, 7, 8, 9, 10)
> # ベクトル同士の計算
> x + y
[1]  7  9  11  13  15
```

## 4.5 行列とデータフレーム

続いて，複数の行や列を持つ行列というデータ形式について説明します。Rで

行列を作成するには

(1) 行列に含まれるデータをベクトルの形式で用意する
(2) matrix 関数を使って行列に変換する

という手順を取ります。以下の例では，z というベクトルに matrix 関数を適用
する際，nrow（行数）というオプションで 2 を指定し，ncol（列数）というオプショ
ンで 3 を指定しています（このような関数のオプションを**引数**，より正確にはオ
プション引数と言います）。これは，ベクトル z に含まれる 6 つの数値を使って，
2 行 × 3 列の行列を作りなさいという命令です[65]。

```
> # 行列の作成
> # ベクトルの用意
> z <- c(1, 2, 3, 4, 5, 6)
> # 行列の形式に変換
> matrix.1 <- matrix(z, nrow = 2, ncol = 3)
> matrix.1
     [,1] [,2] [,3]
[1,]    1    3    5
[2,]    2    4    6
```

なお，matrix 関数の引数 byrow で TRUE を指定すると，行列内の数値の並
び方が変わります。あくまで好みの問題ですが，最初にベクトルを用意する際，
こちらの形式の方がわかりやすいように思います。

```
> # matrix関数の引数byrowでTRUEを指定
> matrix.2 <- matrix(z, nrow = 2, ncol = 3, byrow =
TRUE)
> matrix.2
     [,1] [,2] [,3]
[1,]    1    2    3
[2,]    4    5    6
```

---

[65] ここでは，引数 nrow と引数 ncol の両方を明示的に指定していますが，実際はどちら
か一方を指定するだけでも構いません。それは，「ベクトルに含まれる数値の個数＝行
数×列数」という関係が成り立つため，どれか 1 つの要素が欠けても，他の 2 つの要素
から計算することが可能だからです。

また，作成した行列の列数や行数を知りたい場合は，nrow 関数や ncol 関数，
あるいは dim 関数を用います。

```
> # 行数の確認
> nrow(matrix.2)
[1] 2
> # 列数の確認
> ncol(matrix.2)
[1] 3
> # 行数と列数の確認
> dim(matrix.2)
[1] 2 3
```

変数やベクトルと同じく，行列を使った計算や，行列同士の計算も可能です。
以下の例の「別の行列を作成」する部分では，matrix 関数と c 関数を入れ子構
造で記述することで，1 行のコードで行列を作っています。

```
> # 行列を使った計算
> matrix.2 + 1
     [,1] [,2] [,3]
[1,]    2    3    4
[2,]    5    6    7
> # 別の行列を作成（matrix関数とc関数を入れ子に）
> matrix.3 <- matrix(c(7, 8, 9, 10, 11, 12), nrow = 2,
ncol = 3, byrow = TRUE)
> # 行列同士の計算
> matrix.2 + matrix.3
     [,1] [,2] [,3]
[1,]    8   10   12
[2,]   14   16   18
```

複数の行列を結合するときは，rbind 関数，もしくは cbind 関数を用います。
rbind 関数の場合は行方向（縦方向）に行列を結合し，cbind 関数の場合は列
方向（横方向）に行列を結合します。

```
> # 行列の結合（行方向）
> rbind(matrix.2, matrix.3)
     [,1] [,2] [,3]
[1,]    1    2    3
```

```
[2,]     4     5     6
[3,]     7     8     9
[4,]    10    11    12
> # 行列の結合（列方向）
> cbind(matrix.2, matrix.3)
     [,1] [,2] [,3] [,4] [,5] [,6]
[1,]    1     2     3     7     8     9
[2,]    4     5     6    10    11    12
```

　行列に含まれる一部の要素を取り出す場合は，行列名 [ 行，　列 ] の形式で指定します。行と列の両方を指定せずに，行列名 [ 行，　] や行列名 [ ，列 ] の形式で指定した場合は，指定した行もしくは列に含まれるすべての要素が取り出されます。さらに，マイナス記号をつけて，行列名 [- 行，　] や行列名 [ ，- 列 ] の形式で指定すると，指定した行以外もしくは列以外に含まれるすべての要素が取り出されます。

```
> # 上段で作成した行列
> matrix.2
     [,1] [,2] [,3]
[1,]    1     2     3
[2,]    4     5     6
> # 2行目・3列目の要素を取り出し
> matrix.2[2, 3]
[1] 6
> # 2行目の要素すべてを取り出し
> matrix.2[2, ]
[1] 4 5 6
> # 3列目の要素すべてを取り出し
> matrix.2[, 3]
[1] 3 6
> # 2行目の要素以外のすべてを取り出し
> matrix.2[-2, ]
[1] 1 2 3
> # 3列目の要素以外のすべてを取り出し
> matrix.2[, -3]
     [,1] [,2]
[1,]    1     2
[2,]    4     5
```

**4**

第4章　Rの基本

　そして，t 関数を用いることで，行列を転置する（行と列を入れ替える）ことができます。

```
> matrix.2
     [,1] [,2] [,3]
[1,]   1    2    3
[2,]   4    5    6
> # 行列の転置
> t(matrix.2)
     [,1] [,2]
[1,]   1    4
[2,]   2    5
[3,]   3    6
```

　行列を分析するときは，どの行が何のデータで，どの列が何のデータなのかがわからなくなるときもあります。そのような場合に，行や列のラベルがあると助かります。Rでラベルなどの文字列データを扱う場合は，ダブルクォーテーションマークで囲みます。

```
> matrix.2
     [,1] [,2] [,3]
[1,]   1    2    3
[2,]   4    5    6
> # 行ラベルの付与
> rownames(matrix.2) <- c("R1", "R2")
> # 列ラベルの付与
> colnames(matrix.2) <- c("C1", "C2", "C3")
> # ラベルの確認
> matrix.2
   C1 C2 C3
R1  1  2  3
R2  4  5  6
```

　Rには，行列とは別に，**データフレーム**というデータ形式があります。データフレームは，行列とは異なり，「数値」や「文字列」といった異なるタイプのデータを含めることができます。データフレームを作成するには

（1）　ベクトルや行列などから作成する

(2) 外部ファイルを読み込んで作成する

という2つの方法があります。本節では (1) の方法を説明し，次節で (2) の方法を説明します。

　ベクトルや行列などからデータフレームを作成する場合は，data.frame 関数を用います。その際，個々のベクトルにつけられた名前は，データフレームの列ラベルとなります。

```
> # ベクトルの用意
> POS <- c("Nouns", "Verbs", "Adjectives", "Adverbs")
> Freq <- c(275, 106, 52, 48)
> # データフレームの作成
> df <- data.frame(POS, Freq)
> # 作成したデータフレームの確認
> df
          POS  Freq
1       Nouns   275
2       Verbs   106
3  Adjectives    52
4     Adverbs    48
> # データのクラスを確認
> class(df)
[1] "data.frame"
```

　データフレームの場合は，列の番号だけでなく，列の名前を指定して，任意の列のデータを取り出すことができます。たとえば，df から Freq の列を抽出するには，df$Freq のように指定します。

```
> # データフレームから一部の列のデータを抽出
> df$Freq
[1] 275  106   52   48
```

　行列からデータフレームに変換するには data.frame 関数を，データフレームから行列に変換するには as.matrix 関数を使います[66]。

---

※66　R 4.0.0 以降，行列に対する class 関数の実行結果が以前のバージョンと異なり，"matrix" "array" となりました。
https://cran.r-project.org/bin/windows/base/old/4.0.0/NEWS.R-4.0.0.html

```
> # 上段で作成したラベルつきの行列
> matrix.2
   C1 C2 C3
R1  1  2  3
R2  4  5  6
> # データのクラスを確認
> class(matrix.2)
[1] "matrix" "array"
> # 行列をデータフレームに変換
> df.2 <- data.frame(matrix.2)
> # 変換したデータフレームを確認
> df.2
   C1 C2
R1  1  2
R2  3  4
> class(df.2)
[1] "data.frame"
> # データフレームを行列に変換
> matrix.4 <- as.matrix(df.2)
> matrix.4
   C1 C2
R1  1  2
R2  3  4
> class(matrix.4)
[1] "matrix" "array"
```

## 4.6　ファイルの操作

　ここまでは直接コンソールにデータを入力していましたが，実際のデータは大きなものであることが多く，それらを手で入力するのは骨が折れます。そこで本節では，CSV ファイルを R に読み込む方法について説明します。

　ファイルを読み込むためには，**作業ディレクトリ**という概念を知る必要があります[67]。これは，ファイルからデータやプログラムを読み込んだり，ファイルにデータを書き出したりする場所のことです。現在の作業ディレクトリを知りたい場合は，getwd 関数を用います。

---

[67]　ワーキングディレクトリやカレントディレクトリと呼ばれることもあります。

```
> # 作業ディレクトリの確認
> getwd()
[1] "/Users/user"
```

現在の作業ディレクトリを変更したい場合は，setwd 関数を使います※68。

```
> # 作業ディレクトリの変更
> # 以下は，デスクトップの「Data」フォルダに変更する例
> setwd("~/Desktop/Data")
```

そして，R にファイルを読み込む場合は，原則として

(1)　作業ディレクトリの中に読み込むファイルを入れる

(2)　読み込むファイルがあるフォルダに作業ディレクトリを変更する

のどちらかの処理を行います。たとえば，表 4.1 の列ラベル（ヘッダー）がついている CSV ファイル（本書付属データに含まれている sample_1.csv）を読み込むときは，read.csv 関数を用います。読み込むデータに列ラベルがある場合は引数 header で TRUE を指定します※69。

表 4.1　列ラベル（ヘッダー）がついている CSV ファイル

| C1 | C2 |
| --- | --- |
| 75 | 88 |
| 69 | 90 |
| 83 | 72 |

```
> # ファイルが作業ディレクトリにある場合
> sample.1 <- read.csv("sample_1.csv", header = TRUE)
> # ファイルがデスクトップの「Data」フォルダにある場合
> sample.1 <- read.csv("~/Desktop/Data/sample_1.csv",
header = TRUE)
> sample.1
   C1  C2
1  75  88
```

※68　指定したフォルダが存在しない場合は，「エラー：作業ディレクトリを変更できません」のようなエラーメッセージが表示されます。

※69　列ラベルがないデータの場合は，引数 header で FALSE を指定します。

第 4 章　R の基本

```
2   69   90
3   83   72
```

　また，表 4.2 のように，行ラベルと列ラベルの両方がついているファイル（本書付属データに含まれている sample_2.csv）を読み込む場合は，引数 header で TRUE を指定し，引数 row.names で 1 を指定します（row.names　=　TRUE という書式ではないことに注意してください）。

表 4.2　行ラベルと列ラベルがついている CSV ファイル

|     | C1    | C2    |
|-----|-------|-------|
| R1  | 14912 | 16442 |
| R2  | 6239  | 8664  |
| R3  | 4446  | 6821  |

```
> # ファイルが作業ディレクトリにある場合
> sample.2 <- read.csv("sample_2.csv", header = TRUE,
row.names = 1)
> # ファイルがデスクトップの「Data」フォルダにある場合
> sample.2 <- read.csv("~/Desktop/Data/sample_2.csv",
header = TRUE, row.names = 1)
> sample.2
        C1      C2
R1   14912   16442
R2    6239    8664
R3    4446    6821
```

　ファイルの名前や場所を入力するのが面倒な場合は，file.choose 関数を組み合わせて使うと，ファイルを選択するダイアログボックスが表示されるため，非常に楽です。

```
> # マウス操作でファイルを選択する場合
> # sample_1.csvの読み込み
> sample.1 <- read.csv(file.choose(), header = TRUE)
> # sample_2.csvの読み込み
> sample.2 <- read.csv(file.choose(), header = TRUE,
row.names = 1)
```

逆に R からファイルにデータを書き出す場合は，write.table 関数などを用います。この関数の基本的な書式は，write.table（保存したい表の名前，file = " 保存するファイルの名前 "，row.names = FALSE，col.names = TRUE，sep = ","）となります（行ラベルや列ラベルの形式によって，引数 row.names や引数 col.names の指定が異なります）。ここでは，いま読み込んだ sample.1 を CSV ファイルに書き出してみます。書き出したファイルは現在の作業ディレクトリに保存されます。作業ディレクトリを忘れてしまったときは，getwd 関数で確認しましょう。

```
> # ファイルへの書き出し（任意のファイル名を指定）
> write.table(sample.1, "output.csv", row.names =
FALSE, col.names = TRUE, sep = ",")
```

## 4.7　パッケージのインストール

R のパッケージをインストールする場合は install.packages 関数を用い，インストールしたパッケージを利用するためには library 関数を用います。インストール時に install.packages 関数の引数 dependencies で TRUE を指定すると，そのパッケージを動かすのに必要なパッケージをまとめてインストールすることができます。

ここでは以下のようなコードを用いて，tidyverse というパッケージ[70] をインストールし，R に読み込みます（実行環境によっては，数分かかります）。このパッケージは，R で「モダンな」データ分析をするためのパッケージ（群）で，多種多様な機能が実装されています。

```
> # パッケージのインストール（初回のみ）
> install.packages("tidyverse", dependencies = TRUE)
> # パッケージの読み込み
> library("tidyverse")
```

---

[70]　https://CRAN.R-project.org/package=tidyverse

## 4.8 ヘルプの参照

　本章では，様々な関数を紹介しました。もし関数の使い方がわからなくなった
ら，あるいは関数の使い方についてもっと深く知りたくなったら，help関数を
活用しましょう。この関数は，任意の関数についてのヘルプを表示するための関
数です。たとえば，最初に紹介したc関数のヘルプを見るには，以下のようなコー
ドを入力します。

```
> # c関数のヘルプを参照
> help(c)
```

　そうすると，**図4.3**のような画面が表示されます。冒頭に「Combine Values
into a Vector or List」（ベクトルもしくはリストとして値を結合する）という関
数の主な機能が書いてあり，その下には，関数に関する簡単な記述（Description），
使い方（Usage），引数（Arguments）などに関する説明があります。英語とい
うこともあり，最初は使いにくいかも知れません。しかし，ヘルプを使いこなせ
るようになると，Rに関する知識が格段に増していきます。

---

c {base}　　　　　　　　　　　　　　　　　　　　　　　　　　　　　R Documentation

Combine Values into a Vector or List

**Description**

This is a generic function which combines its arguments.

The default method combines its arguments to form a vector. All arguments are coerced to a common type which is the type
of the returned value, and all attributes except names are removed.

**Usage**

c(..., recursive = FALSE)

**Arguments**

... 　　　　　objects to be concatenated.

recursive logical. If recursive = TRUE, the function recursively descends through lists (and pairlists) combining all their
　　　　　elements into a vector.

図4.3　c関数のヘルプ（一部）

## 5.1 データハンドリング

　Rには，データ分析を簡単に実行するための様々な関数が実装されています。しかし，それらの関数を使うためには，それぞれの関数に合わせた形式のデータを用意する必要があります。データを加工・変換する処理は，**データハンドリング**，あるいは**前処理**と呼ばれています。以下，Rによる**データハンドリング**の方法を紹介します。ここから先は，少し発展的な内容となります。

　まず，第4章4.7節でインストールしたtidyverseパッケージを読み込みます。続いて，read.csv関数を用いて，本書付属データに含まれているauthor.csvも読み込みます。このデータは，6人の作家によって書かれた12種類のテキストにおけるアルファベット26文字の頻度を集計したものです[71]。

```
> # パッケージの読み込み
> library("tidyverse")
> # author.csvの読み込み
> author <- read.csv(file.choose(), header = TRUE,
row.names = 1)
> # データの冒頭を確認
> head(author)
                                a     b     c     d      e
three daughters (buck)        550   116   147   374   1015
drifters (michener)           515   109   172   311    827
lost world (clark)            590   112   181   265    940
east wind (buck)              557   129   128   343    996
farewell to arms (hemingway)  589    72   129   339    866
  (省略)
> # データのクラスを確認
```

---

※ **71**　このデータは，caパッケージにも含まれています。
　　　　https://CRAN.R-project.org/package=ca

```
> class(author)
[1] "data.frame"
```

　以下，読み込んだデータを使って，データの形式を変換したり，データの一部を取り出したりする処理をいくつか紹介します。最初に，rownames_to_column 関数を使って，読み込んだデータの行ラベルを，新たに text という名前の列として追加します。

```
> # 行ラベルを列として追加
> author <- rownames_to_column(author, "text")
> head(author)
                        text   a    b    c    d     e
1         three daughters (buck) 550  116  147  374  1015
2            drifters (michener) 515  109  172  311   827
3             lost world (clark) 590  112  181  265   940
4              east wind (buck) 557  129  128  343   996
5 farewell to arms (hemingway) 589   72  129  339   866
  (省略)
```

　データフレームから一部の行を抽出する方法はいくつか存在しますが，ここでは filter 関数を使います。

```
> # textの列が"three daughters (buck)"の行を抽出
> filter(author, text == "three daughters (buck)")
                    text   a    b    c    d     e
1  three daughters (buck) 550  116  147  374  1015
  (省略)
> # textの列が"three daughters (buck)"の行と"east wind
(buck)"の行を抽出
> filter(author, text == "three daughters (buck)" |
text == "east wind (buck)")
                    text   a    b    c    d     e
1  three daughters (buck) 550  116  147  374  1015
2        east wind (buck) 557  129  128  343   996
  (省略)
> # aの頻度が550以上で，bの頻度が100以下の行のみを抽出
> filter(author, a >= 550, b <= 100)
```

```
                        text   a    b    c    d    e
1   farewell to arms (hemingway)  589   72  129  339  866
2           pendorric 3 (holt)    557   97  145  354  909
    (省略)
```

また，一部の列を抽出するには，select 関数を使います。

```
> # aの列のみを抽出
> select(author, a)
    a
1  550
2  515
    (省略)
> # aとbの列を抽出
> select(author, a, b)
    a    b
1  550  116
2  515  109
    (省略)
> # a以外の列を抽出
> select(author, -a)

                        text    b    c    d     e    f
1   three daughters (buck)    116  147  374  1015  131
2       drifters (michener)   109  172  311   827  167
```

頻度表などのデータフレームを昇順や降順に並べ替える場合は，arrange 関数を使います。

```
> # aの頻度を昇順に並べ替え
> arrange(author, a)
                        text    a    b    c    d    e
1          drifters (michener)  515  109  172  311  827
2   sound and fury 6 (faulkner)  517   96  127  356  771
    (省略)
> # aの頻度を基準に降順で並べ替え
> arrange(author, desc(a))
                        text    a    b    c    d    e
1   profiles of future (clark)  592  151  251  238  985
2           lost world (clark)  590  112  181  265  940
    (省略)
```

第5章　データ分析の基本

　データの前処理を行う場合は，いくつもの処理を続けて行うことも多く，コードが見にくくなりがちです。そのようなときは，パイプ演算子（%>%）を使うことで，コードを見やすくします[72]。パイプ演算子は，左側の処理結果を右側に受け渡します。複数の処理をパイプ演算子でつなぐことによって，人間の思考に近い形でコードを書くことができます。ちなみに，パイプ演算子は，デフォルトで左辺の値を右辺の第1引数として渡す仕様になっていますが，明示的に左辺の値を渡したい場合はドット（.）を使います。以下の例では，パイプ演算子を使って

(1)　author.csv を読み込む
(2)　行ラベルを新たな列として追加する
(3)　text が "three daughters (buck)" である列を抽出する

という一連の処理を行っています。

```
> # パイプ演算子を使ったデータ処理の例（author.csvを選択）
> read.csv(file.choose(), header = TRUE, row.names = 1)
%>%
>   rownames_to_column(., "text") %>%
>   filter(., text == "three daughters (buck)")
                    text     a     b     c     d     e
1  three daughters (buck)   550   116   147   374   1015
  (省略)
```

　本節で紹介した tidyverse パッケージの関数には，非常に便利なものが多いですが，R の古典的な関数と書式が異なる部分もあるため，使いこなせるようになるには慣れが必要です。tidyverse パッケージを使った「モダンな」データ処理の詳細については，松村他（2021）などを参照してください。

---

[72]　R には，%>% 以外のパイプ演算子も存在します。

## Column … tidy data（整然データ）

　現在の R コミュニティでは，tidy data（整然データ）という考え方に基づくデータ分析が流行しています。tidy data は

1　個々の値が 1 つのセルを成す
2　個々の変数が 1 つの列を成す
3　個々の観測（テキストなど）が 1 つの行を成す
4　個々の観測ユニットのタイプが 1 つの表を成す

などの特徴を持っています（西原，2017）。**表 5.1** と**表 5.2** は，それぞれ tidy な表と tidy ではない表の例です[73]。

**表 5.1　2 つのテキストにおける 3 種類の冠詞の相対頻度（tidy な表）**

| テキスト | 冠　詞 | 相対頻度 |
|---|---|---|
| Dracula | a | 200.02 |
| Dracula | an | 25.84 |
| Dracula | the | 534.45 |
| Frankenstein | a | 179.55 |
| Frankenstein | an | 29.35 |
| Frankenstein | the | 553.59 |

**表 5.2　2 つのテキストにおける 3 種類の冠詞の相対頻度（tidy ではない表）**

| | a | an | the |
|---|---|---|---|
| Dracula | 200.02 | 25.84 | 534.45 |
| Frankenstein | 179.55 | 29.35 | 553.59 |

　tidyverse は，tidy data の考え方に基づいてデータの収集, 加工, 分析, 可視化などを行うためのパッケージ（群）で，表 5.1 のような形式のデータを求める関数が多く実装されています。その一方，R の「古典的な」関数では，表 5.2 のような形式のデータが求められることが多く，前処理の方法や関数の書式が tidyverse と異なります。もちろん, すべての面で「モダンな」関数が「古典的な」関数よりも優れている訳ではないので，分析者の目的や好みによって使い分けるのが現実的でしょう。なお，tidy data に基づくテキスト分析については，Silge & Robinson（2017）を参照してください。

---

[73]　表 5.1 のような表を long 型，表 5.2 のような表を wide 型ということもあります。

第5章 データ分析の基本

## 5.2 文字列処理

　テキストアナリティクスでは，表記ゆれを統一したり，不要な文字列を削除したりする**文字列処理**を頻繁に行います。そこで本節では，Rによる文字列処理を紹介します。

　特定の文字列を一括で削除したい場合は，tidyverseパッケージに含まれているstringrパッケージ[74]のstr_replace_all関数などを使います[75]。この関数は，ファイル名の拡張子などを取り除く場合などに便利です。引数patternで指定した文字列を引数replacementで指定した文字列に置換します（引数replacementで何も指定しない場合は，引数patternで指定した文字列を削除します）。また，複数パターンの文字列を一括で置換・削除することもできます。

```
> # パッケージの読み込み
> library("tidyverse")
> # 特定の文字列を一括置換
> file.names <- c("XXX.txt", "YYY.txt", "ZZZ.txt")
> str_replace_all(file.names, pattern = ".txt",
replacement = "")
[1] "XXX" "YYY" "ZZZ"
> # 複数パターンの文字列を一括置換
> str_replace_all(file.names, pattern = c("XXX" = "AAA",
"YYY" = "BBB", "ZZZ" = "CCC"))
[1] "AAA.txt" "BBB.txt" "CCC.txt"
```

　この関数では，正規表現（第3章3.4節参照）を使うことも可能です。たとえば，語頭や語末の文字列を削除したい場合は，^や$などのメタキャラクタを使います。

```
> # 文字列を入力
> curry <- c("カレーうどん", "カレーパン", "チキンカレー")
> # 語頭の「カレー」を一括削除
```

---

※ 74　https://CRAN.R-project.org/package=stringr

※ 75　str_replace_all関数とは別に，str_replace関数もあります。ただ，ここでは，より汎用性の高いstr_replace_all関数を紹介しています。

```
> str_replace_all(curry, pattern = "^カレー",
replacement = "")
[1] "うどん" "パン" "チキンカレー"
> # 別の文字列を入力
> soba <- c("たぬきそば", "きつねそば", "そばめし")
> # 語末の「そば」を一括削除
> str_replace_all(soba, pattern = "そば$", replacement = "")
[1] "たぬき" "きつね" "そばめし"
```

　正規表現を用いて，カッコに囲われた部分を一括で削除することもできます。以下の例では，《》で囲われている文字列すべてを削除しています[76]。引数 pattern で指定しているメタキャラクタは，改行以外の任意の1文字を表す「.」と，直前の要素の0回以上の繰り返しを表す「*」，直前の要素の0〜1回の繰り返しを表す「?」の3種類です。

```
> # 文字列を入力
> pano <- "同じM県に住んでいる人でも，多くは気づかないでいるかも知れ
ません。Ｉ湾が太平洋へ出ようとする，Ｓ郡の南端に，外《ほか》の島々から飛
び離れて，丁度緑色の饅頭《まんじゅう》をふせた様な，直径二里足らずの小島
が浮んでいるのです。"
> # 《》で囲われている文字列すべてを削除
> str_replace_all(pano, pattern = "《.*?》", replacement
= "")
[1] "同じM県に住んでいる人でも，多くは気づかないでいるかも知れません。
Ｉ湾が太平洋へ出ようとする，Ｓ郡の南端に，外の島々から飛び離れて，丁度緑
色の饅頭をふせた様な，直径二里足らずの小島が浮んでいるのです。"
```

　そして，ひらがなやカタカナといった特定の文字種を一括で削除したい場合は，以下のような処理を行います[77]。

```
> # 文字列を入力
> wiki <- "R言語（アールげんご）はオープンソース・フリーソフトウェア
の統計解析向けのプログラミング言語及びその開発実行環境である。"
> # ひらがなを一括削除
```

---

[76]　ここで使っている文字列は，江戸川乱歩の『パノラマ島綺譚』の冒頭部分です。
　　　http://www.aozora.gr.jp/cards/001779/card56651.html

[77]　ここで使っている文字列は，Rに関するWikipediaの記事（本書執筆時点）の一部です。
　　　https://ja.wikipedia.org/wiki/R言語

第 5 章　データ分析の基本

```
> str_replace_all(wiki, pattern = "\\p{Hiragana}",
replacement = "")
[1] "R言語（アール）オープンソース・フリーソフトウェア統計解析向プログ
ラミング言語及開発実行環境。"
> # カタカナを一括削除
> str_replace_all(wiki, pattern = "\\p{Katakana}",
replacement = "")
[1] "R言語（ーげんご）はーー・ーの統計解析向けの言語及びその開発実行環
境である。"
> # 漢字を一括削除
> str_replace_all(wiki, pattern = "\\p{Han}",
replacement = "")
[1] "R（アールげんご）はオープンソース・フリーソフトウェアのけのプログ
ラミングびそのである。"
> # ASCII文字（半角の英数字記号など）を一括削除
> str_replace_all(wiki, pattern = "\\p{ASCII}",
replacement = "")
[1] "言語（アールげんご）はオープンソース・フリーソフトウェアの統計解析
向けのプログラミング言語及びその開発実行環境である。"
```

　上記の例では，「オープンソース」や「フリーソフトウェア」の「ー」がカタ
カナとして認識されず，削除されていません。長音記号のように複数の表記体系
で用いられる文字を削除するには，\\p{Common} を指定します。また，複数の
文字種を一括で削除したいときは，| というメタキャラクタを使います。

```
> # 複数の表記体系で用いられる文字を一括削除
> str_replace_all(wiki, pattern = "\\p{Common}",
replacement = "")
[1] "R言語アルげんごはオプンソスフリソフトウェアの統計解析向けのプログ
ラミング言語及びその開発実行環境である"
> # 複数の文字種を一括削除
> str_replace_all(wiki, pattern = "\\p{Katakana}|
\\p{Common}", replacement = "")
[1] "R言語げんごはの統計解析向けの言語及びその開発実行環境である"
> str_replace_all(wiki, pattern = "\\p{Hiragana}|
\\p{Katakana}", replacement = "")
[1] "R言語（ー）ーー・ー統計解析向言語及開発実行環境。"
```

　テキストから特定の文字種だけを取り出したいときは，str_match_all 関
数などを使います。

```
> # ひらがなだけを抽出
> str_match_all(wiki, pattern = "\\p{Hiragana}")
[[1]]
        [,1]
 [1,] "げ"
 [2,] "ん"
 [3,] "ご"
 [4,] "は"
 [5,] "の"
 [6,] "け"
 [7,] "の"
 [8,] "び"
 [9,] "そ"
[10,] "の"
[11,] "で"
[12,] "あ"
[13,] "る"
> # カタカナだけを抽出
> str_match_all(wiki, pattern = "\\p{Katakana}")
    (省略)
> # 漢字だけを抽出
> str_match_all(wiki, pattern = "\\p{Han}")
    (省略)
```

　stringr パッケージにおける他の関数については，パッケージのマニュアルなどを参照してください。また，grep 関数，gsub 関数，substr 関数といった R の組み込み関数も有用であるため，関数のヘルプなどを見てみてください。

## 5.3　可視化

　本節では，データの可視化を紹介します。グラフは，分析結果を他人にわかりやすく伝える有効な手段であり，分析者がデータ分析を始める際の手がかりともなります。R による可視化の方法は複数ありますが

(1)　R の組み込み関数を使った「古典的な」方法

(2)　ggplot2 パッケージ[78] を使った「モダンな」方法

---

[78]　https://CRAN.R-project.org/package=ggplot2（このパッケージは，tidyverse パッケージに含まれています）

第5章　データ分析の基本

の2つが現在主流になっています。ggplot2パッケージは，Rの組み込み関数よりも効率的な作図ができて，美しくてわかりやすい図を描くことができると言われています。具体的には，ベースとなる層（レイヤー）を最初に描き，その上にデータ，軸，ラベルなどを重ねていくことで，複雑な図を作成することができます。しかし，可視化のコードが複数行にわたり，その書き方がRの古典的な関数と異なるため，初心者には難しく感じられることもあります。そこで，本書では古典的な関数を用いることにします[79]。

　最初は，**ヒストグラム**について説明します。ヒストグラムは，1つの分析項目から成るデータの概要を把握するのに用いられます。Rでヒストグラムを描くときは，hist関数を使います。可視化には，本書付属データに含まれているBNCbiber.csvのデータを用います。このデータは，4048個のテキストにおける65種類の言語項目の頻度を集計したものです[80]。**図5.1**は，このデータにおけるf01_past_tense（過去形の動詞の頻度）の分布をヒストグラムで可視化したものです。

```
> # BNCbiberデータの読み込み
> BNCbiber <- read.csv(file.choose(), header = TRUE,
row.names = 1)
> # colnames関数で列ラベル（65種類の言語項目）を確認
> colnames(BNCbiber)
 [1] "f01_past_tense"
 [2] "f02_perfect_aspect"
 [3] "f03_present_tense"
 （省略）
> # f01_past_tenseのヒストグラム
> # 引数xlabでx軸のラベル，引数ylabでy軸のラベル，引数mainでグラフ
のメインタイトルを指定
> hist(BNCbiber$f01_past_tense, xlab = "frequency",
ylab = "number of texts", main = "Past Tense")
```

---

※ 79　ggplot2パッケージを使った可視化については，Chang（2018）などを参照してください。

※ 80　このデータは，corporaパッケージにも含まれています。
　　　https://CRAN.R-project.org/package=corpora

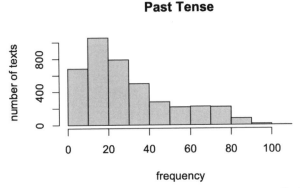

図 5.1　BNCbiber データにおける f01_past_tense のヒストグラム

　次に，**箱ひげ図**について説明します。箱ひげ図では，最小値，下側ヒンジ（中央値よりも小さい値の中央値），中央値，上側ヒンジ（中央値よりも大きい値の中央値），最大値という 5 つの**要約統計量**（5.4 節参照）が可視化されるため，データのばらつき具合を直感的に理解することができます。R で箱ひげ図を描くときは，boxplot 関数を使います。**図 5.2** は，BNCbiber における f01_past_tense の箱ひげ図を描いた結果です。

```
> # f01_past_tenseの箱ひげ図
> boxplot(BNCbiber$f01_past_tense, main = "Past Tense")
```

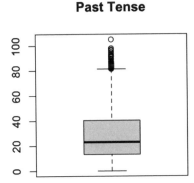

図 5.2　BNCbiber データにおける f01_past_tense の箱ひげ図

図 5.2 では，統計的に**外れ値**とみなされるデータがひげの先端の外側に○でプ

第 5 章　データ分析の基本

ロットされています。やや専門的な内容ですが，箱ひげ図における外れ値とは，上側 25% 点＋（上側 25% 点－下側 25% 点）× 1.5 よりも大きい値，もしくは，下側 25% 点－（上側 25% 点－下側 25% 点）× 1.5 よりも小さい値のことです（山本他，2013）。

　続いて，**散布図**について説明します。散布図は，2 つのデータの関連性を把握するために用いるグラフ形式です。R で散布図を描くときは，plot 関数を使います。**図 5.3** は，BNCbiber における f01_past_tense と f03_present_tense の列，つまり過去形の動詞と現在形の動詞の頻度を使って散布図を描いた結果です。

```
> # f01_past_tenseとf03_present_tenseの散布図
> # 第1引数にx軸のデータ，第2引数にy軸のデータを指定
> plot(BNCbiber$f01_past_tense,
BNCbiber$f03_present_tense, xlab = "Past Tense",
ylab = "Present Tense")
```

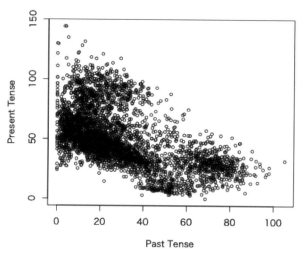

図 5.3　BNCbiber データにおける f01_past_tense と f03_present_tense の散布図

　R における可視化の関数は非常に多く，それぞれの関数に様々な引数が存在します。hist 関数，boxplot 関数，plot 関数の詳細については，ヘルプなどを参照してください。

## 5.4 統計処理

　本節では，基本的な統計処理を紹介します。まずは，5.3節で読み込んだ BNCbiber データを使って，**総和**，**平均値**，**中央値**[81]，**最大値**，**最小値**，**分散**[82]，**標準偏差**などを求めます。

```
> # f01_past_tenseの総和
> sum(BNCbiber$f01_past_tense)
[1] 118810.9
> # f01_past_tenseの平均値
> mean(BNCbiber$f01_past_tense)
[1] 29.35053
> # f01_past_tenseの中央値
> median(BNCbiber$f01_past_tense)
[1] 23.05965
> # f01_past_tenseの最大値
> max(BNCbiber$f01_past_tense)
[1] 105.1237
> # f01_past_tenseの最小値
> min(BNCbiber$f01_past_tense)
[1] 0
> # f01_past_tenseの分散
> var(BNCbiber$f01_past_tense)
[1] 466.2554
> # f01_past_tenseの標準偏差
> sd(BNCbiber$f01_past_tense)
[1] 21.59295
```

　そして，summary 関数を用いると，以下のように，データの要約統計量が一度に表示されます。表示される値のうち，中央値（Median）は，データを小さい順に並び変えたときに真ん中（50% の位置）に現れる値で，下側25% 点（1st Qu.）と上側25% 点（3rd Qu.）は，それぞれ下側から25% の位置と上側から

---

[81] 中央値は，平均値と同様にデータの中心を表す値ですが，平均値よりも外れ値の影響を受けにくいとされます。

[82] 分散と標準偏差は，ともにデータのばらつき具合を表し，値が大きいほどデータのばらつきが大きいことを示します。分散（不偏分散）は，個々の値とデータの平均値との差を2乗したものをすべて足し合わせて，データの個数から1を引いた値で割ったものです。また，標準偏差は，分散の平方根を取った値です。

25% の位置に現れる値のことです。これらに最小値（Min.）と最大値（Max.）を加えた 5 つの値でデータのばらつきを要約することを **5 数要約**と言います。

```
> # f01_past_tenseの要約統計量
> summary(BNCbiber$f01_past_tense)
   Min.   1st Qu.   Median   Mean    3rd Qu.    Max.
   0.00    13.18     23.06   29.35    40.50    105.12
```

テキストアナリティクスでは，複数のテキストやグループを比較することが多くあります。たとえば，男性と女性では，アンケートの自由回答記述における常体（だ，である調）と敬体（です，ます調）の使用率に違いがあるかも知れません。また，ブログ記事では，新聞記事よりも書き手の評価や意見を表す形容詞や副詞が多く用いられている可能性があります。このようなテキスト（もしくはグループ）×言語項目の比較を行う場合，**表 5.3** のような**クロス集計表**が用いられます[83]。

表 5.3　クロス集計表（性別 × 文体）

|  | 常体 | 敬体 |
|---|---|---|
| 男性 | 96 | 54 |
| 女性 | 42 | 58 |

そして，クロス集計表を分析する場合は，**検定**と呼ばれる手法が用いられます。検定は，複数のデータにおける頻度（など）を比較し，データ間に統計的に有意味な頻度差，すなわち**有意差**が存在するかどうかを検証するための手法です。以下，表 5.3 のデータを例に，検定を説明します。

```
> # クロス集計表の準備
> cross.tab <- matrix(c(96, 54, 42, 58), nrow = 2, ncol
= 2, byrow = TRUE)
> rownames(cross.tab) <- c("Male", "Female")
> colnames(cross.tab) <- c("Jotai", "Keitai")
> cross.tab
       Jotai    Keitai
Male      96        54
```

---

[83]　この例では行ラベルに性別，列ラベルに文体という形式になっていますが，行ラベルと列ラベルを逆につけても構いません。

| Female | 42 | 58 |
|--------|----|----|

　検定を行うにあたっては，「データ間に差がない」という**帰無仮説**を立てます。上記のクロス集計表を分析する場合は，「男性／女性という性別の違いによる常体／敬体の使用頻度の差はない」という仮説を立てることになります。これに対して，「男性／女性という性別の違いによる常体／敬体の使用頻度の差はある」という仮説を**対立仮説**と呼びます。そして，帰無仮説が正しい確率を計算したあとで，その確率が非常に低い場合，帰無仮説を棄却し，「男性／女性という性別の違いによる常体／敬体の使用頻度の差はある」という結論を下します。逆に，帰無仮説が正しい確率がある程度高い場合は，「男性／女性という性別の違いによる常体／敬体の使用頻度の差は見られない」と結論づけます[84]。その際，帰無仮説が正しい確率が高いか低いかを判断する基準を**有意水準**と呼びます[85]。

　統計的な検定には様々なものがありますが，常体と敬体などの頻度差を分析する場合は，**カイ2乗検定**がよく使われます。カイ2乗検定は，「男性」「女性」や「常体」「敬体」といったカテゴリカルな指標が独立しているか（関連性がないか）どうかを明らかにする手法です[86]。Rでカイ2乗検定を行うときは，chisq.test関数を使います。その際，引数correctでFALSEを指定し，イェーツの連続補正を行わない設定にしてください[87]。

```
> # カイ2乗検定
> chisq.test(cross.tab, correct = FALSE)
        Pearson's Chi-squared test
data:  cross.tab
X-squared = 11.743, df = 1, p-value = 0.0006107
```

　chisq.test関数の実行結果には様々な情報が含まれていますが，ここでは**$p$値**（p-value）を確認します。$p$値とは，帰無仮説が正しい確率，つまり，デー

---

[84] 帰無仮説が棄却された場合，「～の差はない」という結論ではなく，「～の差は見られない」（＝差があるかも知れないが，今回の分析では発見されなかった）という結論が導かれることに注意してください。

[85] 0.05ではなく，0.01や0.001のような有意水準が使われることもあります。

[86] カイ2乗検定の詳細については，小林（2019）などを参照してください。

[87] カイ2乗検定は，クロス集計表に小さい値が含まれている場合に，計算結果が不正確となります。小さい値が含まれている場合にイェーツの連続補正を行うことがありますが，その補正については賛否両論があります。

第5章　データ分析の基本

タ間に有意味な差のない確率です。一般的に，$p$ 値が 0.05（= 5%）よりも小さい場合は，データ間に差がない確率（帰無仮説が正しい確率）が非常に低いとみなし，「データ間に差がある」と考えます[88]。上記の例では，$p$ 値が 0.0006107 であるため，「男性／女性という性別の違いによる常体／敬体の使用頻度の差はない」という帰無仮説を棄却し，「男性／女性という性別の違いによる常体／敬体の使用頻度の差がある」という対立仮説を採択します。なお，カイ 2 乗検定は，第 9 章の特徴語抽出でも用います。

　最後に，複数のデータの関連性を分析するために**相関分析**を説明します。相関分析とは，複数の変数がどの程度の強さで相互に関係しているかを調べるための手法です。たとえば，気温を x 軸に，アイスクリームの売上を y 軸に取った散布図を描いたとすると，気温が上がる（x 軸の右側に移動する）につれて，アイスクリームの売上も上がる（y 軸の上側に移動する）でしょう。そのとき，x 軸の値と y 軸の値が右上がりの直線に近づくほど，両者の結びつきの強さを表す**相関係数**は高くなります（このような関係を正の相関と言います）。また，気温が下がる（x 軸の左側に移動する）につれて，おでんの売上が上がる（y 軸の上側に移動する）といった右下がりの関係でも，2 つの変数の結びつきが強いほど，相関係数の絶対値は高くなります（このような場合は，係数にマイナスの符号がつき，負の相関と呼びます）。そして，相関係数が 0 の場合，2 つの変数の間にまったく関連性がないということになります。**図 5.4** は，相関係数のイメージです。この図を見ると，相関係数の絶対値が大きくなるほど，2 つの変数は直線的な関係に近づいていくことがわかります。

---

[88]　やや専門的な話になりますが，$p$ 値だけで結論を導くのはよくないと考える立場も存在します。$p$ 値以外に確認するべき統計値は分野によっても異なりますが，信頼区間や効果量を併記するのが一般的です。信頼区間や効果量については，大久保・岡田（2012）などを参照してください。

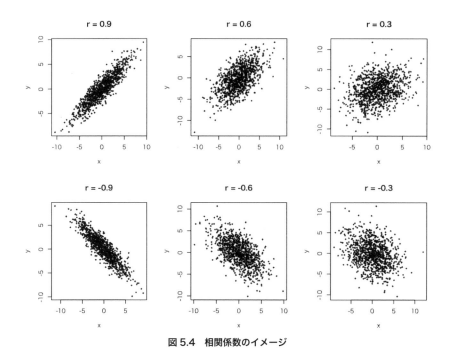

図 5.4　相関係数のイメージ

　R で相関係数を計算するには，cor 関数を用います。以下は，BNCbiber デー
タ（5.3 節参照）における f01_past_tense（過去形の動詞の頻度）と f03_
present_tense（現在形の動詞の頻度）の相関係数を求めた結果です[89]。

```
> # BNCbiberデータの読み込み
> BNCbiber <- read.csv(file.choose(), header = TRUE,
row.names = 1)
> # 相関係数の計算
> cor(BNCbiber$f01_past_tense,
BNCbiber$f03_present_tense)
[1] -0.5539273
```

　この結果を見ると，過去形の動詞と現在形の動詞の相関係数は -0.5539273
で，中程度の負の相関があることがわかります。相関係数の値と関連性の強さに
関する絶対的な基準はありませんが，吉田（1998）は，相関係数が 0 ～ 0.2 だと「ほ

---

[89]　ここで計算している相関係数は，最も一般的な指標であるピアソンの積率相関係数です。
　　　それ以外にも，外れ値の影響を受けにくいスピアマンの順位相関係数などがあります。

第 5 章　データ分析の基本

とんど相関なし」，0.2 〜 0.4 だと「弱い相関あり」，0.4 〜 0.7 だと「比較的強い
相関あり」，0.7 〜 1 だと「強い相関あり」であるとしています。ただし，相関
分析を行うときは，係数だけを鵜呑みにせず，散布図（5.3 節参照）を描いてみて，
データ間の関係を視覚的にも確認するように心がけましょう。

　また，cor.test 関数を使うことで，2 つの変数の間に相関関係があるかどう
かに関する検定（**無相関検定**）を行うことができます。この検定では，「相関係
数が 0 である」という帰無仮説を立てます。

```
> # 無相関検定
> cor.test(BNCbiber$f01_past_tense,
BNCbiber$f03_present_tense)

      Pearson's product-moment correlation

data:  BNCbiber$f01_past_tense and
BNCbiber$f03_present_tense
t = -42.32, df = 4046, p-value < 2.2e-16
alternative hypothesis: true correlation is not equal
to 0
95 percent confidence interval:
 -0.5749235 -0.5322022
sample estimates:
        cor
-0.5539273
```

　この結果を見ると，$p$ 値は 2.2e-16 で，帰無仮説が棄却されます[90]。つまり，
過去形の動詞の頻度と現在形の動詞の頻度の間には有意な相関関係があると結論
できます。

　相関係数を調べるときは，データの取り方にも注意しましょう。たとえば，あ
る喫茶店におけるコーヒーの売上と気温の関係を調べたところ，ほとんど相関が
見られませんでした。しかし，この「コーヒー」の売上を「アイスコーヒー」と
「ホットコーヒー」の 2 つのカテゴリーに分けて集計したら，アイスコーヒーの

---

[90]　2.2e-16 は，浮動小数点表示というもので，2.2 に 10 の -16 乗を掛けた値（＝ 2.2 の小
　　数点を左に 16 桁だけ移動した値）に対応します。つまり，e が含まれている値は，限
　　りなく 0 に近い（＝非常に小さい）値と考えて差し支えありません。

売上と気温には正の相関関係，ホットコーヒーの売上と気温には負の相関関係が見られるかも知れません。このようにデータを分割して求める相関のことを分割相関や層別相関と呼びます。

また，相関係数を解釈するときは，**疑似相関**に気をつけましょう。アイスコーヒーの売上と水難事故の発生件数は高い相関関係を示す可能性がありますが，それはアイスコーヒーを飲むと誰かが溺れる訳でも，誰かが溺れるとアイスコーヒーが売れる訳でもありません。実際は，気温という隠れた第3の要因によって，アイスコーヒーの売上が上がるという現象，海や川で泳ぐ人が増えることで水難事故も増加する現象という別々の現象が同時に引き起こされているのに過ぎません。

そして，相関関係と因果関係を混同しないようにしましょう。気温が上がったことでアイスコーヒーの売上が上がることはあっても，アイスコーヒーの売上が上がったらから気温も上がるという訳ではありません。どちらがどちらに影響を及ぼしているのか（どちらが「原因」でどちらが「結果」なのか）という矢印の向きをよく考えましょう。

本節では，記述統計量，検定，相関分析といった基本的な統計手法を学びました。それ以外にも，R には数多くの統計手法が実装されています。R で伝統的な統計処理を行う場合は青木（2009），比較的新しい解析手法を用いる場合は金（2017）がおすすめです。

# テキスト分析の基本

## 6.1 形態素解析

　言語学において，形態素とは「意味を持つ最小の単位」で，それ以上分解したら意味を成さなくなるところまで分割された単位であると定義されます。つまり，「形態素」は，「単語」と異なります。たとえば，「タツノオトシゴ」は，トゲウオ目ヨウジウオ科タツノオトシゴ属に分類される魚類の総称で，それ自体が１つの単語です。そして，この単語は，「タツ」（竜），「ノ」(の)，「オトシ」（落し），「ゴ」（子）という「意味を持つ最小の単位」である「形態素」に分解することができます。しかし，自然言語処理の分野において，「形態素」という用語は，「単語」の同義語として扱われることが多いです[91]。そこで本書でも，「形態素解析」などの専門用語に言及する場合を除いて，多くの人に馴染みのある「単語」という用語を主に使用します。

　日本語の形態素解析では

　(1)　単語単位への分割
　(2)　品詞情報の付与
　(3)　単語の原形の復元

という３つの処理が行われます。まず，日本語の文では単語と単語の間に空白が存在しないため，どこからどこまでが１つの単語なのかが明確ではありません。コンピュータが処理しやすいように，文を単語ごとに分割する処理を**分かち書き**と呼びます。第２章2.2節の例を再掲すると，「私は冷たいビールを飲んだ」という文を「私／は／冷たい／ビール／を／飲ん／だ」のように１語ずつ分割す

---

[91]　工学の下位分野である自然言語処理における「形態素」という用語の使い方は，「言語学的には適切でない」と指摘する言語学者も存在します（山崎・前川，2014）。

るのが分かち書きです。また，「私」が代名詞で「は」が「助詞」である，といったように特定するのが**品詞情報の付与**です。そして，「まし」の基本形は「ます」であると同定するのが**原形の復元**です。

　形態素解析で問題になるのは，どのような単位で分かち書きをするかという点です。先ほどの「タツノオトシゴ」は 1 語とみなした方がよさそうですが，「国立学校法人大阪大学」の場合はどうでしょうか。「国立学校法人大阪大学」という 1 語でしょうか，「国立学校法人」と「大阪大学」という 2 語でしょうか，それとももっと多い数の単語から成っているでしょうか。ここで注意しなければいけないのは，どれが 1 つの分割方法が正しくて，それ以外の分割方法が間違っていると考えるのは適切ではないということです。何らかの明確な基準に準拠した方法であれば，どのように分かち書きをしても構いません。ただ，1 つの単語に適用した基準は，他の似たような単語にも同様に適用しなければなりません。たとえば，「大阪大学」を「大阪」と「大学」に分けるのであれば，「東京大学」も「東京」と「大学」に分けなければなりません。これを口で言うのは簡単ですが，そのような処理を徹底するのは，（人間にとっても，コンピュータによっても）非常に難しいことです[92]。また，文法的に正しい分割方法が複数存在する場合は，正しい形態素解析結果を得るために，単語の意味や文脈を考慮しなければなりません。たとえば，「うらにわにはにわとりがいる」という文には，「裏庭／には／鶏／が／いる」と分割するか，それとも「裏庭／には／二／羽／トリ／が／いる」と分割するか，などの様々な分かち書きの候補があります[93]。また，「じわる」（面白さなどがじわじわと感じられる）のような比較的新しい表現や，「ggrks」（ググレカス）のようなネットスラング，「喜連瓜破」（きれうりわり＝大阪の地名）のような難読語などがテキストに出現した場合は，それらの未知語にも対処しなければなりません。現実の世界には，「モーニング娘。」という固有名詞のように，「。」が文末を表す記号ではなく，単語の一部であるという用例も存在します[94]。一般的な形態素解析器の精度は 90 〜 98% であると言われますが，それは新聞などの「綺麗な」テキストを解析した場合の精度であることが多いため，特殊な言語使用を含むテキストの場合は若干精度が低下します。したがって，コ

[92]　形態素解析における分割基準について詳しく知りたい場合は，小椋（2014）などを参照してください。
[93]　https://ja.wikipedia.org/wiki/ 形態素解析
[94]　形態素解析を工学的に実現する方法については，工藤（2018）などを参照してください。

ンピュータによる形態素解析を用いる場合は，解析結果を自分の目で確認することが重要です。分析対象のテキストで非常に重要な単語が誤って解析されているときは，テキストエディタの正規表現などを使って修正しましょう（1つずつ手で直していくと，用例を見落とす可能性があります）。また，解析結果を訂正する場合は，先ほどの「大阪大学」と「東京大学」の例のように，処理の整合性にも十分な注意を払ってください。

現在，多くの形態素解析器が公開されています。基本的には macOS のターミナルのような CUI 環境で利用するものですが，インターネット上で MeCab を利用する Web 茶まめ[95] のようなツールも存在します。このツールでは，形態素解析に用いる辞書を切り替えることで，歴史的な資料などの古い日本語を解析することも可能です（**図 6.1**）[96]。

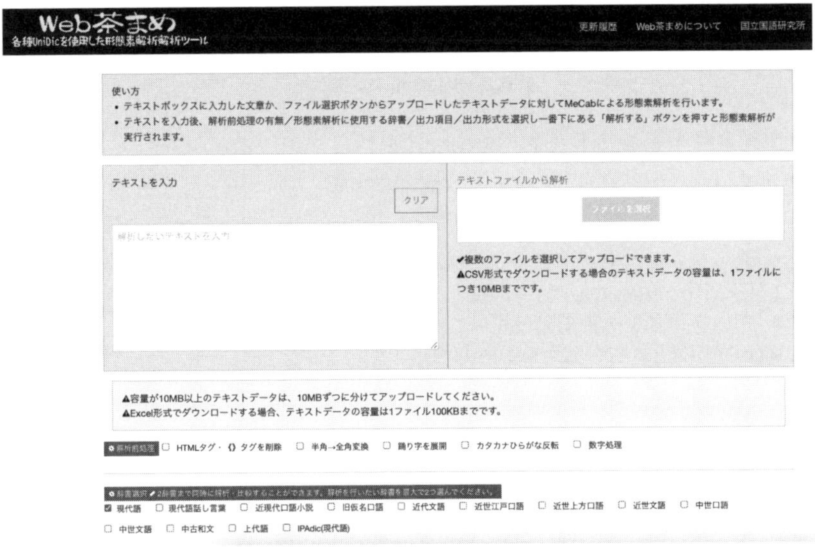

**図 6.1　Web 茶まめの解析画面**

本書では，R の RMeCab というパッケージを用いて，形態素解析を行います。このパッケージは，単に R 上で MeCab を使えるようにするだけでなく，語彙頻度表の作成や共起語の抽出といった多様なテキスト分析を可能にします。ただ，

---

※ **95**　http://chamame.ninjal.ac.jp/
※ **96**　Web 茶まめの解析結果を R に読み込ませることで，様々なテキスト分析を行うことができます。

第6章 テキスト分析の基本

RMeCab は，CRAN で公開されていませんので，作成者のウェブサイト※97 から直接ダウンロードしてください。インストールの仕方は，OS の種類や R のバージョンによって異なりますので，ウェブサイトの説明をよく読んでください。図 **6.2** は，RMeCab のウェブサイトです。

**図 6.2　RMeCab の公開ページ**

インストールが完了したら，RMeCab を使った形態素解析をしてみましょう。まず，1〜2文程度の短いテキストを解析する場合は，RMeCabC 関数を使います。

```
> # パッケージの読み込み
> library("RMeCab")
> # 短いテキストの形態素解析
> RMeCabC("すもももももももものうち")
[[1]]
    名詞
"すもも"

[[2]]
助詞
"も"

[[3]]
  名詞
"もも"

[[4]]
```

※ 97　http://rmecab.jp/wiki/index.php?RMeCab

```
 助詞
"も"

[[5]]
 名詞
"もも"

[[6]]
 助詞
"の"

[[7]]
 名詞
"うち"
```

　RMeCabC 関数を実行すると，上記のように，形態素解析の結果が表示されます。これを見ると，「すもももももももものうち」という文が「すもも／も／もも／も／もも／の／うち」と，正しく分かち書きされています。続けて，unlist 関数を使うと，解析結果を単語ベクトル（分かち書きされた単語がベクトルの形式になっているデータ）に変換することができます。

```
> RMeCabC.result <- RMeCabC("すもももももももものうち")
> # データのクラスを確認
> class(RMeCabC.result)
[1]"list"
> # データのクラスを変換
> RMeCabC.result.2 <- unlist(RMeCabC.result)
> RMeCabC.result.2
    名詞      助詞      名詞      助詞      名詞      助詞      名詞
"すもも"    "も"    "もも"    "も"    "もも"    "の"    "うち"
> # データのクラスを確認
> class(RMeCabC.result.2)
[1] "character"
```

　形態素解析の結果の一部だけを利用したい場合は，以下のように，番号で指定します。たとえば，1番目の単語にアクセスしたいときはRMeCabC.result.2[1]，1番目から3番目の単語にアクセスしたいときはRMeCabC.result.2[1 : 3]のように書きます。

```
> # 解析結果の一部のみを表示
> RMeCabC.result.2[1]
    名詞
"すもも"
> RMeCabC.result.2[1 : 3]
    名詞      助詞       名詞
"すもも"     "も"      "もも"
```

また，単語ではなく，品詞の情報だけを取り出したいときは，names 関数を
用います。

```
> # 品詞情報のみを表示
> names(RMeCabC.result.2)
[1]"名詞" "助詞" "名詞" "助詞" "名詞" "助詞" "名詞"
```

そして，RMeCabC 関数の第2引数の位置で 1 を指定すると，出力される単語
が原形に復元されます。

```
> # 単語の原形を復元
> RMeCabC.result.3 <- RMeCabC("私は冷たいビールを飲んだ", 1)
> RMeCabC.result.3
[[1]]
 名詞
"私"

[[2]]
 助詞
"は"

[[3]]
   形容詞
"冷たい"

[[4]]
     名詞
"ビール"

[[5]]
 助詞
"を"
```

```
[[6]]
  動詞
"飲む"

[[7]]
助動詞
  "だ"
```

　この解析結果を見ると，「飲んだ」の「飲ん」が「飲む」に戻されています。動詞の活用に関する情報を必要とする言語研究であれば，「飲ん」と「飲む」を区別して数えるかも知れませんし，単純な使用語彙の調査であれば，活用形の区別をしないでしょう。「飲ん」のような表記形をそのまま分析に用いるべきか，それとも「飲む」のような原形に復元するべきかどうかは，分析の目的によって異なります。

　「すもももももももものうち」や「私は冷たいビールを飲んだ」よりも長いテキストを解析する場合は，解析したい文章を入力したテキストファイルを用意し，RMeCabText 関数を使います。以下は，本書付属データの wagahai.txt（夏目漱石の『吾輩は猫である』の第 1 章）に RMeCabText 関数を実行した例です[98]。

```
> # RMeCabText関数で形態素解析 (wagahai.txtを選択)
> RMeCabText.result <- RMeCabText(file.choose())
> # RMeCabText関数の結果 (2番目の単語まで) を確認
> head(RMeCabText.result, 2)
[[1]]
 [1] "吾輩"     "名詞"     "代名詞"     "一般"
 [5] "*"        "*"        "*"          "吾輩"
 [9] "ワガハイ" "ワガハイ"

[[2]]
 [1] "は"     "助詞"     "係助詞"     "*"     "*"     "*"
 [7] "*"     "は"       "ハ"          "ワ"

> # 解析したテキストの単語数を確認
```

---

[98] 実行環境によっては，RMeCab パッケージの関数と file.choose 関数を組み合わせて使用した場合にエラーが出る場合があります。そのような場合は，"~/Desktop/Data/wagahai.txt" など，ファイルの場所と名前を指定する方法（第 4 章 4.6 節参照）で読み込んでください。

```
> length(RMeCabText.result)
[1] 7447
```

　形態素解析の結果から単語ベクトルを作成する際は，unlist 関数と sapply
関数を使います。

```
> # 単語ベクトルの作成
> RMeCabText.result.2 <-
unlist(sapply(RMeCabText.result, "[[", 1))
> # 単語ベクトル（5番目の単語まで）の確認
> head(RMeCabText.result.2, 5)
[1] "吾輩" "は"   "猫"   "で"   "ある"
```

## 6.2　単語の分析

　本節では，テキストに出現する単語の**頻度表**を作成する方法を説明します。R
で頻度表を作る方法は複数存在しますが，ここでは RMeCabFreq 関数を使いま
す。この関数でファイルを正しく読み込むと，読み込んだファイルの場所と名前
に関する情報（file）と，ファイルの異語数（length）が表示されます。それ
から，head 関数を用いて解析結果の一部を確認します[99]。なお，この関数の出
力では，単語の活用形は原形に復元されています。

```
> # RMeCabFreq関数による頻度表の作成
> # ファイルの読み込み（wagahai.txtを選択）
> RMeCabFreq.result <- RMeCabFreq(file.choose())
file = /Users/user/Data/wagahai.txt
length = 1644
> # 集計結果の一部を確認
> head(RMeCabFreq.result, 5)
    Term    Info1   Info2    Freq
1    あ    フィラー     ＊       4
2   あー    フィラー     ＊       1
3    え    フィラー     ＊      11
4  なんか   フィラー     ＊       1
```

---

※ 99　テキストに合計でいくつの単語が含まれているかという情報を**総語数**，それに対して，
　　　（重複を省いて）何種類の単語が含まれているかという情報を**異語数**と言います。

| 5 | あえて | 副詞 | 一般 | 1 |
|---|---|---|---|---|

　RMeCabFreq 関数の解析結果を確認した際，もし文字化けが起きていたら，ファイルの文字コードが使用している OS と合っていない可能性があります。また，RMeCabFreq 関数の結果としてデフォルトで表示される単語の順番（上記の例では，「あ」，「あー」，「え」，「なんか」，「あえて」），表示されるファイルの異語数（上記の例では，1644）は，使用している OS の種類や MeCab のバージョンによって異なることがあります。

　次に，RMeCabFreq 関数の返す結果を頻度順に並べ替えます。以下のコードでは，arrange 関数で並べ替えています。

```
> # RMeCabFreq関数の結果を頻度順に並べ替え
> library("tidyverse")
> RMeCabFreq.result.2 <- arrange(RMeCabFreq.result,
desc(Freq))
> # 並べ替えた結果の確認
> head(RMeCabFreq.result.2, 5)
      Term   Info1    Info2    Freq
1626    。    記号      句点     329
234     の    助詞    連体化     295
193     て    助詞    接続助詞    288
168     は    助詞    係助詞     268
223     を    助詞    格助詞     247
```

　頻度順に並べ替えた結果を確認すると，1 位が句点の「。」で，2 位が助詞の「の」であることがわかります。この結果の見方としては，Term が単語，Info1 が品詞（大分類），Info2 が品詞（小分類），Freq が頻度となっています。一番左の「1626」や「234」という数字は，単に頻度順に並べ替える前の行番号ですので，無視してください。なお，合計でいくつの単語が含まれているか（総語数）を知りたいときは，sum 関数で Freq の列に含まれる値の総計を求めます。

```
> # 総語数の計算
> sum(RMeCabFreq.result.2$Freq)
[1] 7447
```

　ちなみに，異語数（単語の異なり数）を総語数（単語の述べ数）で割った値を**異語率**と言い，0 から 1 の値を取ります。異語率が 1 に近いほど，テキスト中の単語の種類が豊富であることを表します。以下の例では，nrow 関数を使って頻度表の行数を数えることで，異語数を計算しています（頻度表の行数 = 単語の異なり数）。

```
> # 異語率の計算
> nrow(RMeCabFreq.result.2) /
sum(RMeCabFreq.result.2$Freq)
[1] 0.22076
```

　RMeCabFreq 関数の解析結果はデータフレームなので，filter 関数などを使って，特定の条件に合致する単語のみを抽出することができます。以下の例では，Info1 が名詞の単語（= 行）を抜き出しています。

```
> # Info1が名詞の単語のみを抽出
> nouns <- filter(RMeCabFreq.result.2, Info1 == "名詞")
> head(nouns, 5)
        Term   Info1   Info2   Freq
1252    吾輩   名詞    代名詞   81
1485      の   名詞    非自立   54
1488    もの   名詞    非自立   51
1495      事   名詞    非自立   48
1255      彼   名詞    代名詞   45
```

　単語の頻度分析は，大量のテキストデータの特徴を大まかに把握するのに非常に便利な方法です。しかし，ある概念に関する頻度を正確に数えるためには，「猫」と「ねこ」と「ネコ」のような表記ゆれ，ときには「タマ」や「ミケ」のような別の単語の頻度も考慮に入れなければなりません。また，単純に頻度の高低を論じるだけでなく，その単語がどのような文脈で用いられているのかを丁寧に見ていく必要があります。単語が用いられている文脈を探索的に分析するための方法としては，次節以降で説明する *n*-gram や共起語の分析があります。

**Column … ワードクラウド**

　単語の頻度情報を使って，図 **6.3** のような**ワードクラウド**を描くことができます※ 100。この図を見ると，「という」や「しかし」などの単語が大きなフォントで描かれており，それらの単語が高頻度であることがわかります。一般的に，高頻度語は，どのようなテキストでも頻繁に用いられる機能語（助詞，助動詞，接続詞など）や，テキストの内容に関連した内容語（名詞，動詞など）であることが多いです。

**図 6.3　ワードクラウド**

　昨今，企業のアンケート調査やメディアの報道などでワードクラウドを見かける機会が多くなりました。しかし，テキストにおける単語の頻度を分析するという目的において，ワードクラウドが最適な方法であるとは限りません。たとえば，図 6.3 を見て，頻度上位 20 位までの単語をすぐに見つけられるでしょうか。上位の数語はすぐに見つけられると思いますが，上位 10 位や上位 20 位までの単語を即座に見つけるのは困難でしょう。

　ワードクラウドは，単に単語の頻度の高低（＝文字の大小）を比較し，図中にランダムに配置しているだけです。しかし，人間の目は，文字の大小関係を一度にたくさん把握するのが必ずしも得意ではありません。その結果，「たまたま」分析者の目にとまった単語に注意が向けられ，恣意的な解釈を招く危険性を孕みます。高頻度語を確認したければ，頻度表を作成するだけで十分です。また，どうしても可視化したいのであれば，頻度上位の単語を棒グラフ（第 7 章 7.4 節参照）やドットプロット（第 11 章 11.5 節参照）で可視化する方がよほど効果的です。

---

※ 100　R でワードクラウドを描く場合は，wordcloud2 パッケージなどを利用します。
https://cran.r-project.org/package=wordcloud2 しかし，このコラムに書かれた理由により，本書では，安易なワードクラウドの使用を推奨しません。

第 6 章　テキスト分析の基本

## 6.3 *n*-gram の分析

**n-gram**（エヌグラム）とは，文章における $n$ 個の要素の連鎖のことです。そして，$n$-gram には，文字 $n$-gram，単語 $n$-gram，品詞 $n$-gram などがあり，$n$ の数も変化します。たとえば，文字 3-gram であれば，「月　曜　日」のような 3 文字の連鎖，単語 2-gram であれば，「明日　は」のような 2 単語の連鎖を指します。ただし，$n$-gram は，連続する要素を 1 つずつずらして，それらを網羅的に取り出したものですので，必ずしも言語的に意味のあるかたまりとなっている訳ではありません（**図 6.4**）。

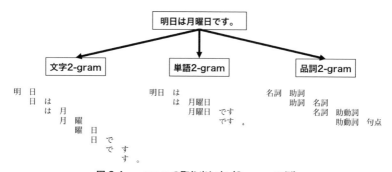

**図 6.4　*n*-gram の取り出し方（2-gram の例）**

$n$-gram は，隣接する要素を機械的に抽出するというシンプルな手法ですが，様々な分野で応用されています。たとえば，文字 $n$-gram は，形態素解析を必要とせずに集計できるため，単語分割の誤りなどの影響を受けることなく，テキストを分析することが可能です。また，品詞 $n$-gram は，文章を品詞のレベルに抽象化するため，文章の内容の影響をそれほど受けずに，文章の構造を捉えることができます。

R で $n$-gram を抽出するための関数として，RMeCab パッケージの Ngram 関数があります。この関数の引数 type で 0 を指定すると文字 2-gram が，1 を指定すると単語 2-gram が，2 を指定すると品詞 2-gram が抽出されます。以下は，wagahai.txt を解析した例です[101]。

---

※ 101　Ngram 関数の結果としてデフォルトで表示される単語の順番や数は，OS の種類や MeCab のバージョンによって異なることがあります。

```
> # n-gramの抽出
> # 文字2-gram (wagahai.txtを選択)
> ngram.result.1 <- Ngram(file.choose(), type = 0)
file = /Users/user/Data/wagahai.txt Ngram = 2
length = 4863
> # 集計結果の確認
> head(ngram.result.1, 5)
   Ngram    Freq
1 [―-こ]     1
2 [―-―]      1
3 [―-猫]     1
4 [○-○]      3
5 [○-が]     2

> # 単語2-gram (wagahai.txtを選択)
> ngram.result.2 <- Ngram(file.choose(), type = 1)
file = /Users/user/Data/wagahai.txt Ngram = 2
length = 2153
> # 集計結果の確認
> head(ngram.result.2, 5)
        Ngram    Freq
1 [あすこ-名文]     1
2   [あたり-色]      1
3   [あと-それ]      1
4     [あと-何]      1
5   [あと-吾輩]      1

> # 品詞2-gram (wagahai.txtを選択)
> ngram.result.3 <- Ngram(file.choose(), type = 2)
file = /Users/user/Data/wagahai.txt Ngram = 2
length = 95
> # 集計結果の確認
> head(ngram.result.3, 5)
             Ngram    Freq
1 [フィラー -フィラー ]     1
2     [フィラー -副詞]      1
3     [フィラー -助詞]      7
4     [フィラー -名詞]      7
5   [フィラー -連体詞]      1
```

6

なお，単語 n-gram の場合，デフォルトでは，名詞と形容詞のみが集計の対象
とされ，それ以外の品詞は処理から除外されます。他の品詞も解析に含める場合

第 6 章　テキスト分析の基本

は，引数 pos で指定します。以下は，名詞，動詞，形容詞，副詞を指定した例です。

```
> # 単語n-gramの抽出における品詞の指定（wagahai.txtを選択）
> ngram.result.4 <- Ngram(file.choose(), type = 1, pos
= c("名詞", "動詞", "形容詞", "副詞"))
file = /Users/user/Data/wagahai.txt Ngram = 2
length = 3328
> # 集計結果の確認
> head(ngram.result.4, 5)
        Ngram   Freq
1   [あえて-他]      1
2  [あがる-交番]      1
3  [あきれる-ら]      1
4  [あける-見る]      1
5  [あすこ-実に]      1
```

また，n-gram の長さを変更するには，引数 N を用います。たとえば，N = 2 だと 2-gram が，N = 3 だと 3-gram が抽出されます（N = 4 以上を指定することも可能ですが，実際の分析ではあまり使いません）。以下は，単語 3-gram の例です。

```
> # n-gramの長さを変更（wagahai.txtを選択）
> ngram.result.5 <- Ngram(file.choose(), type = 1, N = 3)
file = /Users/user/Data/wagahai.txt Ngram = 3
length = 2296
> # 集計結果の確認
> head(ngram.result.5, 5)
          Ngram   Freq
1 [あすこ-名文-僕]      1
2 [あたり-色-吾輩]      1
3 [あと-それ-書生]      1
4   [あと-何-事]      1
5  [あと-吾輩-下]      1
```

Ngram 関数の解析結果を頻度順に並べ替える手順は，頻度表の場合と同様に，arrange 関数を用います。以下では，単語 2-gram を集計した結果（ngram.result.2）を頻度順に並べ替えています。

```
> # Ngram関数の解析結果を頻度順に並べ替え
> ngram.result.6 <- arrange(ngram.result.2, desc(Freq))
> # 並べ替えた結果の確認
> head(ngram.result.6, 5)
          Ngram   Freq
1538   [水彩−画]      8
543    [事−ない]      7
240    [の−吾輩]      6
1789   [美学−者]      6
651    [仕方−ない]     5
```

単語 $n$-gram の頻度だけでなく，品詞の情報も必要な場合は，docDF 関数を用います[102]。引数 type や引数 N の使い方は，Ngram 関数と同じです。

```
> # docDF関数によるn-gramの抽出（wagahai.txtを選択）
> docDF.result <- docDF(file.choose(), type = 1, N = 2)
file = /Users/user/Data/wagahai.txt opened
number of extracted terms = 4818
now making a data frame. wait a while!
> # 集計結果の確認
> head(docDF.result, 5)
     TERM      POS1         POS2     wagahai.txt
1  −−ことに   記号−副詞    一般−一般          1
2  −−−      記号−名詞    一般−数            1
3  −−猫     記号−名詞    一般−一般          1
4  ○−○     記号−記号    一般−一般          2
5  ○−が     記号−助詞    一般−格助詞         1
```

## 6.4 共起語の分析

**共起語**は，分析対象とする単語（検索語）の近くによく一緒に現れる単語のことです。前節の $n$-gram と異なり，必ずしも検索語と共起語が隣接している必要はありません。たとえば，テキストにおける名詞と名詞の共起関係に注目すれば，人や物がどのように関連しているかを把握することができます。また，名詞の検索語と共起する形容詞を分析すると，検索語がどのように表現（形容）されてい

---

※ 102 docDF 関数の結果としてデフォルトで表示される単語の順番や数は，OS の種類や MeCab のバージョンによって異なることがあります。

第 6 章　テキスト分析の基本

るかがわかります。さらに，名詞（人物名）の検索語と共起する動詞を抽出すると，誰が何をしたのかという情報が得られます。**図 6.5** の例を見ると，どのようなビールが話題になっているのか（冷たい，すっきり，黒），あるいはビールに対してどのような行動が取られているのか（買う，飲む），どのような単語がビールと一緒に話題にのぼるのか（おつまみ）などがわかります。

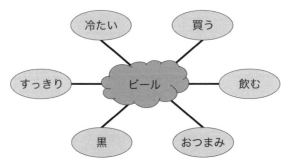

**図 6.5　検索語と共起語**

前述のように，共起語は，検索語の近くによく一緒に現れる単語です。しかし，実際の分析にあたっては，どれくらい「近く」に現れる単語を共起語とみなすのか，どれくらい「よく」一緒に現れる単語を共起語とみなすのかを定義する必要があります。具体的には，検索語の前後何語までを集計の対象とするか（スパン）と，どのような基準で共起の強さを測るか（共起強度）を決めることになります。

R で共起語の分析を行うには，RMeCab パッケージの collocate 関数を用います。その際，引数 node で検索語を，引数 span でスパンを指定します。以下の例では，wagahai.txt における「吾輩」という検索語の前後 5 語以内に共起する語を集計した例です[103]。

```
> # 共起語を集計（wagahai.txtを選択）
> collocate.result <- collocate(file.choose(), node =
"吾輩", span = 5)
file = /Users/user/Data/wagahai.txt
length = 1534
> # 集計結果の確認
> head(collocate.result, 5)
```

---

[103] collocate 関数の結果としてデフォルトで表示される単語の順番や数は，OS の種類や MeCab のバージョンによって異なることがあります。

```
     Term  Before  After  Span   Total
1      ，      10      1    11     123
2      。      53      4    57     329
3      「       2      2     4      42
4  あたかも      1      0     1       3
5    あと       1      0     1       4
```

　上記の集計結果では，Before が「その単語が検索語の前（左）に現れる頻度」を，After が「その単語が検索語の後ろ（右）に現れる頻度」，Span が「その単語がスパン内に現れる頻度」（Before + After），Total が「その単語自体の頻度」をそれぞれ表しています。そして，この結果においては，共起語がスパン内に何回出現したかという頻度情報が共起強度として使われています（検索語と共起語が近くに現れる頻度が高いほど，検索語と共起語の結びつきが強いとみなされます）。

　共起語の分析では，頻度以外の統計指標を共起強度として用いることもあります。RMeCab パッケージの collScores 関数でも，T（T score）と MI（Mutual Information）という2種類の指標を計算することができます。T は，検索語と高い頻度で共起する単語に対して，比較的高い値を与える傾向があります。一方，MI は，低頻度ながらも高い割合で共起する単語の組み合わせに対して，高い値を与える傾向があります[104]。以下は，collScores 関数を用いて，T と MI を求めた結果です。

```
> # TとMIを計算
> collScores.result <- collScores(collocate.result, node =
"吾輩", span = 5)
> # 計算結果の確認
> head(collScores.result, 5)
     Term  Before  After  Span   Total          T          MI
1      ，      10      1    11     123  -0.7171573  -0.2824173
2      。      53      4    57     329   2.8100113   0.6716118
3      「       2      2     4      42  -0.2841413  -0.1916519
4  あたかも      1      0     1       3   0.6736941   1.6157030
5    あと       1      0     1       4   0.5649255   1.2006655
```

　上記の結果を並べ替えるときは，arrange 関数を用います。

---

※ **104** これらの指標の計算方法については，小林（2019）などを参照してください。

```
> # 共起強度の計算結果を並べ替え
> # Tで並べ替え
> collScores.result.2 <- arrange(collScores.result, desc(T))
> # 並べ替えた結果の確認
> head(collScores.result.2, 5)
     Term  Before  After  Span  Total         T          MI
64     は      11     47    58    268  3.788191   0.9925573
2      。      53      4    57    329  2.810011   0.6716118
6    ある      17      4    21     89  2.470137   1.1172495
62     の      12     46    58    375  2.260015   0.5078998
21   ここ       1      3     4      7  1.619310   2.3933106

> # MIで並べ替え
> collScores.result.3 <- arrange(collScores.result, desc(MI))
> # 並べ替えた結果の確認
> head(collScores.result.3, 5)
        Term  Before  After  Span  Total          T          MI
157     尻尾       1      1     2      1  1.3373025   4.200666
241     自白       1      1     2      1  1.3373025   4.200666
38    たしかに       1      2     3      2  1.6064556   3.785628
67   ぶら下げる       1      2     3      2  1.6064556   3.785628
8    いきなり       0      1     1      1  0.8912314   3.200666
```

　実際の分析で T と MI のいずれかを使うかは分析の目的によります。マーケティングのクチコミ分析のように，検索語と頻繁に共起する語を明らかにしたい場合は，T を使うとよいでしょう。一方，顧客アンケートやコールセンターの通話記録のように，よくある要望や苦情を調査するだけでなく，非常に稀な（しかし，無視できない）意見をすくい上げる必要があるときは，MI も併用しましょう。また，特定作家の文体分析のように，そのテキスト独自の言語表現に光を当てる場合にも，MI は有効です。ただし，MI は，非常に低頻度な用例に高い値を与えることもあるため，最低頻度 $n$ 回以上で MI が高い共起語を抽出するという方法が使われることもあります。共起語の研究に興味を持った方は，堀（2009）や堀（2012）も参照してみてください。

　そして，単語の共起情報を**共起ネットワーク**というグラフで可視化することもできます。R で共起ネットワークを描く場合は，igraph パッケージ[105] などを用います。また，描画に使う共起情報の集計には，RMeCab パッケージの

---

※ **105** https://CRAN.R-project.org/package=igraph

NgramDF 関数を用います。以下の処理は

(1) NgramDF 関数で wagahai.txt における単語 2-gram（名詞のみ）を集計
(2) filter 関数で共起頻度 2 以上のペアのみを抽出
(3) igraph パッケージの graph.data.frame 関数でグラフ形式のデータに変換
(4) plot 関数でネットワークを描画

という流れになっています。plot 関数の描画にあたっては，引数 vertex.label でネットワークにおける頂点のラベルを，引数 vertex.color で頂点の色を，引数 vertex.label.family でラベルのフォントを指定しています（mac OS の場合）。図 **6.6** は，その結果です[※106]。

```
> # パッケージのインストール（初回のみ）
> install.packages("igraph", dependencies = TRUE)
> # パッケージの読み込み
> library("igraph")
> # NgramDFによる共起語の集計（wagahai.txtを選択）
> NgramDF.result <- NgramDF(file.choose(), type = 1, N
= 2, pos = "名詞")
file = /Users/user/Data/wagahai.txt Ngram = 2
> # 共起頻度2以上のペアのみを抽出
> NgramDF.result.2 <- filter(NgramDF.result, Freq >= 2)
> # ネットワークの描画
> g <- graph.data.frame(NgramDF.result.2, directed =
FALSE)
> plot(g, vertex.label = V(g)$name, vertex.color =
"grey", vertex.label.family = "HiraKakuProN-W3")
```

---

※ **106** 共起ネットワークでは，単語と単語の「つながり」が重要であり，図中の単語の「位置」は重要ではありません。実行環境によって，図が左右反転していたり，個々の単語の配置が異なっていたりすることがあります。

第 6 章　テキスト分析の基本

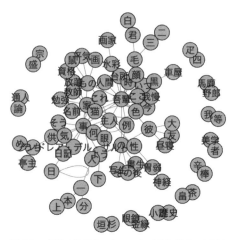

図 6.6　名詞の共起ネットワーク（共起頻度 2 以上）

　図 6.6 は，情報量が多いため，単語の共起関係を視覚的に把握しにくいかも知れません。そのようなときは，描画に使う共起頻度の閾値を上げてみましょう。図 **6.7** は，共起頻度 3 以上のペアを使って共起ネットワークを描いたものです。このように閾値を上げると，図の情報量が減ります。共起頻度何回以上を閾値とするべきかという判断はデータによっても異なりますので，いろいろと試してみてください。

```
> # 共起頻度3以上のペアのみを抽出
> NgramDF.result.3 <- filter(NgramDF.result, Freq >= 3)
> # ネットワークの描画
> g.2 <- graph.data.frame(NgramDF.result.3, directed =
FALSE)
> plot(g.2, vertex.label = V(g.2)$name, vertex.color =
"grey", vertex.label.family = "HiraKakuProN-W3")
```

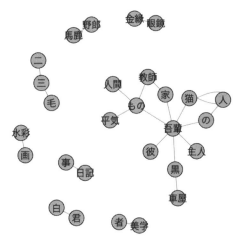

図 6.7　名詞の共起ネットワーク（共起頻度 3 以上）

## 6.5　複数テキストの分析

前節までは，1 つのテキストから単語や $n$-gram の頻度を集計してきました。本節では，より発展的なテキスト分析として，複数のテキストの頻度集計を行う方法を説明します。

RMeCab パッケージでは，docDF 関数を用いて，任意のフォルダ内にあるすべてのファイルを解析することができます。以下，内閣総理大臣の演説を分析対象とします。本書付属のデータセットとして，「speech」というフォルダがあり，その中に Abe.txt，Aso.txt，Koizumi.txt という 3 つのテキストが入っています[107]。この「speech」フォルダを作業ディレクトリに丸ごとコピーしてください。そのあとで，docDF 関数を実行します。

まずは，これら 3 つのファイルにおける文字の頻度を集計します。その際は，docDF 関数の引数 type で 0 を指定します。

```
> # 複数ファイルの解析
> # 文字頻度の集計
> docDF.result <- docDF("speech", type = 0)
```

---

[107] これら 3 つのテキストファイルは，それぞれ第 165 回国会における安倍晋三首相，第 170 回国会における麻生太郎首相，第 163 回国会における小泉純一郎首相の所信表明演説を書き起こしたものです。

```
file_name =  speech/Abe.txt opened
file_name =  speech/Aso.txt opened
file_name =  speech/Koizumi.txt opened
number of extracted terms = 1109
now making a data frame. wait a while!
> # 解析結果の確認
> head(docDF.result, 5)
  Ngram  Abe.txt  Aso.txt  Koizumi.txt
1     .        1        0            0
2     ,      377      303          124
3     。      146      206           59
4     々        5        8            3
5     ○        0        3            0
```

また，単語の頻度を集計するときは，引数 type で 1 を指定します。ちなみに，このようなテキスト×単語の形式で集計した頻度表のことを**文書ターム行列**と呼びます。

```
> # 単語頻度の集計
> docDF.result.2 <- docDF("speech", type = 1)
file_name =  speech/Abe.txt opened
file_name =  speech/Aso.txt opened
file_name =  speech/Koizumi.txt opened
number of extracted terms = 1935
now making a data frame. wait a while!
> # 解析結果の確認
> head(docDF.result.2, 5)
  TERM  POS1      POS2   Abe.txt  Aso.txt  Koizumi.txt
1    .  名詞  サ変接続        1        0            0
2       記号      空白       58       69           30
3    ,  記号      読点      377      303          124
4    。  記号      句点      146      206           59
5    々  記号      一般        0        1            0
```

そして，引数 pos を指定することで，任意の品詞に該当する単語のみを集計することが可能です。以下は，名詞と形容詞だけ対象に解析した例です。

```
> # 品詞を限定した集計
> docDF.result.3 <- docDF("speech", type = 1, pos = c("
名詞", "形容詞"))
```

```
file_name =  speech/Abe.txt opened
file_name =  speech/Aso.txt opened
file_name =  speech/Koizumi.txt opened
number of extracted terms = 1417
now making a data frame. wait a while!
> # 解析結果の確認
> head(docDF.result.3, 5)
      TERM   POS1       POS2    Abe.txt   Aso.txt   Koizumi.txt
1       .   名詞   サ変接続        1         0             0
2       ○   名詞       数          0         3             0
3      あざ   名詞     一般         0         1             0
4      いい   形容詞    自立         0         1             0
5    いたずら  名詞   サ変接続        0         1             0
```

さらに，引数 N を指定することで，$n$-gram の集計を行うこともできます。

```
> # 文字2-gramの集計
> docDF.result.4 <- docDF("speech", type = 0, N = 2)
file_name =  speech/Abe.txt opened
file_name =  speech/Aso.txt opened
file_name =  speech/Koizumi.txt opened
number of extracted terms = 6568
now making a data frame. wait a while!
> # 集計結果の確認
> head(docDF.result.4, 5)
  Ngram  Abe.txt  Aso.txt  Koizumi.txt
1   .-2      1        0           0
2   ,-「     12        0           6
3   ,-あ      0        2           0
4   ,-い      1        2           1
5   ,-う      0        1           0
> # 単語2-gramの集計
> docDF.result.5 <- docDF("speech", type = 1, N = 2)
file_name =  speech/Abe.txt opened
file_name =  speech/Aso.txt opened
file_name =  speech/Koizumi.txt opened
number of extracted terms = 6116
now making a data frame. wait a while!
> # 集計結果の確認
> head(docDF.result.5, 5)
      TERM     POS1         POS2    Abe.txt   Aso.txt   Koizumi.txt
1     .-2    名詞-名詞    サ変接続-数      1         0             0
2      -「    記号-記号    空白-括弧開      1         2             2
```

第6章 テキスト分析の基本

```
3    -かつて    記号-副詞    空白-一般      1        0        0
4  -こうした  記号-連体詞     空白-*       1        0        0
5     -ここ   記号-名詞  空白-代名詞     0        2        0
> # 単語2-gramの集計 (名詞, 動詞, 形容詞, 副詞のみ)
> docDF.result.6 <- docDF("speech", type = 1, N = 2,
pos = c("名詞", "動詞", "形容詞", "副詞"))
file_name =  speech/Abe.txt opened
file_name =  speech/Aso.txt opened
file_name =  speech/Koizumi.txt opened
number of extracted terms = 4421
now making a data frame. wait a while!
> # 集計結果の確認
> head(docDF.result.6, 5)
          TERM     POS1       POS2  Abe.txt  Aso.txt  Koizumi.txt
1          .-2  名詞-名詞  サ変接続-数      1        0          0
2  ○-パーセント  名詞-名詞       数-接尾      0        1          0
3        ○-一   名詞-名詞        数-数      0        1          0
4        ○-月   名詞-名詞      数--般      0        1          0
5    あえて-喫緊  副詞-名詞      一般--般      0        1          0
```

docDF 関数には，様々な引数が用意されています。たとえば，引数 minFreq
で集計対象とする単語や $n$-gram の最低頻度を指定することができ，引数
Genkei で単語を原形と活用形のどちらで集計するかを指定できます。

品詞に関する情報が不要であれば，select 関数で POS1 と POS2 の列を削除
します。

```
> # 品詞の情報を削除
> docDF.result.7 <- select(docDF.result.6, -c(POS1,
POS2))
> # 削除した結果の確認
> head(docDF.result.7, 5)
          TERM  Abe.txt  Aso.txt  Koizumi.txt
1          .-2      1        0          0
2  ○-パーセント      0        1          0
3        ○-一        0        1          0
4        ○-月        0        1          0
5    あえて-喫緊      0        1          0
```

ここでは，3 ファイルのみを解析しましたが，実際の分析では，より多くのファ

イルを同時に解析することもあります[108]。

## 6.6 頻度表の加工

本節では，頻度表の加工を扱います。まずは，**観測頻度**と**相対頻度**の違いを説明します。観測頻度とは，分析対象の中に単語などが何回出現したかという絶対的な値です。つまり，総語数が1万語のテキストで$X$という単語が10回使われていたとしたら，$X$の観測頻度は10回となります。同様に，総語数が10万語のテキストで$X$という単語が10回使われていたとしても，$X$の観測頻度は10回です。しかし，1万語における10回と10万語における10回では，同じ「10回」でも意味合いが違うように思われます。そこで，総語数の異なる2つのテキストにおける頻度を比較可能な形にするために，相対頻度が用いられます。相対頻度は，観測頻度をテキストの総語数で割り，任意の数を掛けた値です。この計算の最後で100を掛けると「100語あたりの相対頻度」に，1000を掛けると「1000語あたりの相対頻度」となります。たとえば，1万語のテキストで$X$という単語が10回使われていた場合，$10 \div 10000 \times 10000$とすると，1万語あたりの相対頻度は10となります（観測頻度と同じ）。それに対して，10万語のテキストで$X$という単語が10回使われていた場合に，1万語あたりの相対頻度を求めると，$10 \div 100000 \times 10000 = 1$となります。

Rで相対頻度を計算してみましょう。ここでは，本書付属データに含まれているrobespierre.csvのデータを用います。このデータは，D1〜D10という10個のテキスト（演説）における単語の頻度を集計したものです[109]。

```
> # robespierre.csvの読み込み
> robespierre <- read.csv(file.choose(), header = TRUE,
row.names = 1)
> # データの確認
> robespierre
          D1    D2    D3    D4    D5    D6    D7    D8    D9   D10
de       464   165   194   392   398   235   509    96    58   662
```

---

[108] どれくらいの数のテキストを同時に解析できるかは，個々のファイルの大きさやコンピュータの性能によって変わります。

[109] このデータは，textometryパッケージにも含まれています。
https://CRAN.R-project.org/package=textometry

```
peuple       45    18    15    14    53    30    42    16     4    59
republique   35    10    16    29    29     9    21    14     2    42
ennemi       30    13    11    19    22    10    16     7     2    35
patrie        6     5    16     8    23    10    35     8     3    39
others     7815  2347  3668  6441  7371  4261  9519  1922  1015  13096
```

robespierre の行ラベルを見てください。5 つの単語（de, peuple, republique, ennemi, patrie）の観測頻度に加えて，それ以外の単語（others）の観測頻度の情報も含まれています。したがって，これらの 6 つの頻度を合計すると，それぞれのテキストの総語数がわかります。そして，colSums 関数を用いると，10 個のテキストの総語数を一度に計算することができます。

```
> # 1〜10列目 (D1〜D10) の総語数
> colSums(robespierre)
   D1    D2    D3    D4    D5    D6     D7    D8    D9   D10
 8395  2558  3920  6903  7896  4555  10142  2063  1084  13933
```

総語数の情報を使って（100 語あたりの）相対頻度を求めるには，以下のような処理を行います。その際，apply 関数を使うのが便利です。また，round 関数を用いてコンソールに表示される桁数を調節すると，出力される結果が読みやすくなります。round 関数を使うと，出力される結果の小数点以下の桁数が，第 1 引数の位置で指定した値と同じ数になります。

```
> # 100語あたりの相対頻度を計算
> relative.freq <- t(t(robespierre) / apply(robespierre, 2, sum) * 100)
> # 小数点以下2位までを表示
> round(relative.freq, 2)
              D1     D2     D3     D4     D5     D6     D7     D8     D9    D10
de          5.53   6.45   4.95   5.68   5.04   5.16   5.02   4.65   5.35   4.75
peuple      0.54   0.70   0.38   0.20   0.67   0.66   0.41   0.78   0.37   0.42
republique  0.42   0.39   0.41   0.42   0.37   0.20   0.21   0.68   0.18   0.30
ennemi      0.36   0.51   0.28   0.28   0.28   0.22   0.16   0.34   0.18   0.25
patrie      0.07   0.20   0.41   0.12   0.29   0.22   0.35   0.39   0.28   0.28
others     93.09  91.75  93.57  93.31  93.35  93.55  93.86  93.17  93.63  93.99
```

次に，**標準化頻度**について説明します。これは，平均値と標準偏差を用いて，個々

の観測頻度を統計的に標準化した値です。単純頻度が平均値と一致する場合は標準化頻度が 0 となり，平均値よりも大きい場合は正の値，平均値よりも小さい場合は負の値となります。そして，R で標準化頻度を求めるには，scale 関数を使います。

```
> # 標準化頻度を計算
> scale.result <- scale(robespierre)
> # 小数点以下2位までを表示
> round(scale.result, 2)
              D1    D2    D3    D4    D5    D6    D7    D8    D9   D10
de         -0.30 -0.28 -0.31 -0.29 -0.31 -0.31 -0.31 -0.32 -0.30 -0.31
peuple     -0.43 -0.43 -0.43 -0.44 -0.43 -0.42 -0.43 -0.42 -0.43 -0.43
republique -0.43 -0.44 -0.43 -0.43 -0.43 -0.44 -0.43 -0.43 -0.44 -0.43
ennemi     -0.43 -0.44 -0.43 -0.44 -0.44 -0.44 -0.44 -0.44 -0.44 -0.43
patrie     -0.44 -0.45 -0.43 -0.44 -0.44 -0.44 -0.43 -0.43 -0.43 -0.43
others      2.04  2.04  2.04  2.04  2.04  2.04  2.04  2.04  2.04  2.04
 (省略)
```

このように，相対頻度と標準化頻度は異なるものです。しかし，総語数の異なるテキストから得られた観測頻度を比較可能な値に変換するという点では同じ役割を果たします。

さらに，RMeCab パッケージを使う場合は，**TF-IDF**（Term Frequency-Inverted Document Frequency）による単語の重みづけを行うことができます。この処理は，各テキストに特徴的な単語を抽出するためのもので，情報検索や文章要約の分野で活用されています。具体的には，TF（単語の観測頻度）と IDF（その単語が出現するテキストの数でテキストの総数を割った値の対数を取った値）を掛け合わせることで求めます。そして，TF-IDF の値が大きいほど，そのテキストに特徴的な単語ということになります。以下は，前節で用いた演説のデータを対象に，RMeCab パッケージの docDF 関数を用いて TF-IDF を計算した例です。なお，以下のコードは，本書付属のデータに含まれている「speech」フォルダを丸ごと作業ディレクトリにコピーしてから実行してください。

```
> # TF-IDFの計算
> # 引数weightでtf*idfを指定
> tf.idf <- docDF("speech", type = 1, weight = "tf*idf")
```

```
file_name = speech/Abe.txt opened
file_name = speech/Aso.txt opened
file_name = speech/Koizumi.txt opened
number of extracted terms = 1935
now making a data frame. wait a while!
> # 計算結果の確認
> head(tf.idf, 5)
  TERM  POS1   POS2      Abe.txt    Aso.txt  Koizumi.txt
1   .    名詞  サ変接続   2.584963   0.000000          0
2        記号  空白      58.000000  69.000000         30
3   ，    記号  読点     377.000000 303.000000        124
4   。    記号  句点     146.000000 206.000000         59
5   々    記号  一般       0.000000   2.584963          0
```

　なお，docDF 関数の引数 weight で tf * idf * norm を指定すると，標準化した TF-IDF を計算することもできます。また，lsa パッケージ[110] の weightings 関数を用いれば，様々な重みづけを行うことが可能です。

## 6.7　用例検索

　前節まで，様々な形式の頻度表を作成してきました。単語などの頻度を集計することで，そのテキストで繰り返し用いられている表現を把握することができます。しかし，個々の単語の意味は，その単語が使われている文脈によって変わります。したがって，テキストアナリティクスを行う際は，頻度という数値に変換された結果を見るだけではなく，可能な限り，実際の用例を自分の目で確認するようにしましょう。

　テキストにおける用例を確認する場合は，KWIC コンコーダンスという表示方法が用いられます。「KWIC」は「Key Word In Context」の略で，「コンコーダンス」は「用例索引」という意味の単語です。この表示形式では，注目する単語が画面の中央に縦に並べられるため，その左右を見比べることで，その単語がどのような文脈で使われているかを簡単に確認することができます。

　本節では，R で KWIC コンコーダンスを作成する関数を定義します。同じような処理を何回も繰り返す場合は，function 関数を使って，独自の関数を作る

---

※ **110** https://CRAN.R-project.org/package=lsa

のが便利です<sup>※111</sup>。若干複雑なコードに感じるかも知れませんが，基本的には全部そのまま R のコンソールにコピーして，実行するだけで構いません<sup>※112</sup>。ここで定義した関数は，本書後半の「実践編」でも使用します。

```
> # KWICコンコーダンスを作成する関数の定義
> kwic.conc <- function(vector, word, span){
>   word.vector <- vector  # 分析対象とするベクトルを指定
>   word.positions <- which(word.vector == word)  # 分析
対象とする単語の出現位置を特定
>   context <- span  # 単語の文脈を左右何語ずつ表示するかを指定
>   # 用例を検索
>   for(i in seq(word.positions)) {
>       if(word.positions[i] == 1) {
>           before <- NULL
>       } else {
>       start <- word.positions[i] - context
>       start <- max(start, 1)
>       before <- word.vector[start : (word.positions[i]
- 1)]
>   }
>   end <- word.positions[i] + context
>   after <- word.vector[(word.positions[i] + 1) : end]
>   after[is.na(after)] <- ""
>   keyword <- word.vector[word.positions[i]]
>   # 用例を表示
>   cat("--------------------", i, "--------------------", "\n")
>   cat(before, "[", keyword, "]", after, "\n")
>   }
> }
```

ここで定義した kwic.conc 関数では

(1)　分析対象とするベクトルデータ（vectors）

(2)　分析対象とする単語（words）

(3)　分析対象とする単語の文脈を左右何語ずつ表示するか（span）

という 3 つの引数を指定します。以下は，wagahai.txt を例に，RMeCabText 関

---

<sup>※111</sup> 関数の定義については，function 関数のヘルプなどを参照してください。
<sup>※112</sup> 実行環境によっては，2 箇所のバックスラッシュを円マークにする必要があります。

第6章　テキスト分析の基本

数による形態素解析の結果から単語ベクトルを作成し，「猫」の用例を検索した結果です。表示する単語の文脈は，左右5語ずつにしています[113]。

```
> # RMeCabText関数で形態素解析 (wagahai.txtを選択)
> RMeCabText.result <- RMeCabText(file.choose())
> # 単語ベクトルの作成
> RMeCabText.result.2 <-
unlist(sapply(RMeCabText.result, "[[", 1))
> # 「猫」の用例検索
> kwic.conc(RMeCabText.result.2, "猫", 5)
-------------------- 1 --------------------
吾輩 は ［ 猫 ］ で ある 。 名前 は
-------------------- 2 --------------------
まるで 薬缶 だ 。 その後 ［ 猫 ］ に も だいぶ 逢っ た
-------------------- 3 --------------------
この 宿 なし の 小 ［ 猫 ］ が いくら 出し て も
-------------------- 4 --------------------
で ある 。 吾輩 は ［ 猫 ］ ながら 時々 考える 事 が
-------------------- 5 --------------------
い て 勤まる もの なら ［ 猫 ］ に でも 出来 ぬ 事
（省略）
```

---

[113] 検索結果の一番上の用例は，テキストの冒頭部分であるため，左側に2語しか表示されていません。

実践編

# 授業評価アンケートの分析

## 7.1　授業評価アンケートに基づく授業改善

　現在，多くの大学で授業評価アンケートが導入されています。その目的は，個々の教員が自らの授業実践を振り返り，学生の実態に応じた授業改善に取り組むための「気づき」を得ることです。文部科学省の調査によれば，令和2年度において，学生による授業評価を実施した大学は，国立86大学（100％），公立86大学（90％），私立593大学（約99％）であり，国公私立全体で765大学（約99％）でした[114]。同年度の大学生が約262万人であったことを考えれば，授業評価アンケートを高等教育に関するビッグデータとみなすことができるでしょう。

　授業評価アンケートの研究では，3〜7段階（「強くそう思う」，「全くそう思わない」など）で評価された各項目の平均点などが計算されます。また近年は，アンケートの自由記述欄を定量的に分析する事例も増えています（釜賀, 2015; 許・林, 2021; 越中他, 2015; 伏木田他, 2012; 松河他, 2017; 目久田他, 2013）。自由記述の定量的分析は，従来型の手作業による分析と比べて分析者の先入観の影響を受けにくいため，数千人や数万人の学生を対象とした大規模調査のみならず，数十人から数百人を対象とした小規模・中規模の調査においても有効です。

　本章では，大学の授業評価アンケートのデータを例に，テキストアナリティクスの技法を用いた自由記述の分析事例を紹介します。分析に用いる技術は，様々な単語の頻度集計，用例検索といった基本的なものです。本章で紹介する技術や分析の視点は，マーケティングや業務改善などに取り組むビジネスパーソンにとっても役に立つでしょう。

---

※ **114** https://www.mext.go.jp/content/20221122-mxt_daigakuc03-000025974_1.pdf

## 7.2　分析データ

　本章の分析データは，大学の講義科目に対する授業評価アンケートです[115]。受講生の数は 100 人で，そのうちの 57 人が 2 年生，39 人が 3 年生，4 人が 4 年生です。また，男子学生が 62 名，女子学生が 38 名です。

　まずは，この授業評価アンケートのデータ（本書付属データに含まれている Questionnaire.csv）を R に読み込みます。そして，RMeCab パッケージの RMeCabDF 関数を用いて，アンケートの自由記述の文章を形態素解析します。なお，本章以降，第 5 章 5.1 節で紹介したパイプ演算子（%>%）を適宜使用します。いま自分が行っている処理がわからなくなったら，個々のパイプ演算子の直前までコードを実行し，そこまでの処理結果を 1 つずつ確認してみましょう。

```
> # パッケージの読み込み
> library("RMeCab")
> library("tidyverse")
> # CSVファイルの読み込みと形態素解析 (Questionnaire.csvを選択)
> dat <- read.csv(file.choose(), header = FALSE) %>%
>   RMeCabDF()
```

　ここで，RMeCabDF 関数で形態素解析を行ったデータを確認します。具体的には，head 関数を用いて，冒頭の 6 つの自由記述の解析結果を表示します。

```
> # 形態素解析を行ったデータを確認
> head(dat)
[[1]]
    名詞      助詞      名詞      助詞      動詞      動詞     助動詞
  "先生"     "の"    "熱意"      "が"    "感じ"    "られ"      "た"
    名詞      記号
    "点"      "。"


[[2]]
        名詞          助詞          名詞              助詞
    "レポート"        "の"       "テーマ"            "が"
        名詞          動詞          助詞            形容詞
```

---

| | | | |
|---|---|---|---|
| "複数" | "ある" | "と" | "よかっ" |
| 助動詞 | 助詞 | 動詞 | 助動詞 |
| "た" | "と" | "思い" | "ます" |
| 記号 | 名詞 | 助動詞 | 助詞 |
| "。" | "1" | "つ" | "だけ" |
| 助動詞 | 助詞 | 記号 | 副詞 |
| "だ" | "と" | ", " | "どうしても" |
| 名詞 | 助詞 | 動詞 | 助動詞 |
| "興味" | "を" | "持て" | "ない" |
| 名詞 | 助詞 | 動詞 | 助詞 |
| "学生" | "が" | "出" | "て" |
| 動詞 | 助詞 | 動詞 | 助動詞 |
| "き" | "て" | "しまい" | "ます" |
| 記号 | | | |
| "。" | | | |

[[3]]

| | | | |
|---|---|---|---|
| 名詞 | 助詞 | 名詞 | 助詞 |
| "締切" | "まで" | "余裕" | "を" |
| 動詞 | 助詞 | 記号 | 名詞 |
| "持っ" | "て" | ", " | "レポート" |
| 助詞 | 名詞 | 助詞 | 副詞 |
| "の" | "テーマ" | "を" | "もう少し" |
| 形容詞 | 名詞 | 動詞 | 助詞 |
| "早く" | "発表" | "し" | "て" |
| 動詞 | 助動詞 | 助動詞 | 助動詞 |
| "頂き" | "たかっ" | "た" | "です" |
| 記号 | | | |
| "。" | | | |

[[4]]

| | | | |
|---|---|---|---|
| 副詞 | 名詞 | 助詞 | 名詞 |
| "いつも" | "スライド" | "の" | "テンポ" |
| 助詞 | 形容詞 | 助詞 | 記号 |
| "が" | "速い" | "ので" | "," |
| 名詞 | 助詞 | 動詞 | 助動詞 |
| "授業" | "で" | "使っ" | "た" |
| 名詞 | 助詞 | 名詞 | 助詞 |
| "スライド" | "を" | "プリント" | "と" |
| 助詞 | 名詞 | 動詞 | 助詞 |
| "として" | "配布" | "し" | "て" |
| 形容詞 | 記号 | | |
| "ほしい" | "。" | | |

7

**125**

```
[[5]]
          名詞              助詞              名詞              助詞
    "レポート"            "の"            "書き方"            "を"
          名詞              助詞              動詞              助詞
      "丁寧"              "に"            "教え"              "て"
          動詞            助動詞              名詞              助詞
    "もらえ"              "た"              "の"              "が"
        形容詞            助動詞              記号              名詞
    "よかっ"              "た"              "。"            "卒論"
          助詞              動詞              名詞              助詞
      "を"              "書く"              "際"              "に"
          助詞              動詞              名詞              記号
      "も"          "役に立ち"          "そう"              "。"

[[6]]
          名詞              助詞              名詞              助詞
    "教科書"            "の"            "内容"              "に"
          助詞              副詞              名詞              助詞
      "は"            "あまり"          "興味"              "が"
          動詞            助動詞            助動詞              助詞
    "持て"            "なかっ"            "た"              "が"
          記号              名詞              助詞              名詞
      ","            "先生"              "の"            "説明"
          助詞              動詞            形容詞              記号
      "が"            "分かり"          "やすく"            ","
          名詞              助詞            形容詞            助動詞
    "雑談"              "も"          "面白かっ"            "た"
          助詞              記号              副詞              名詞
    "ので"              ","          "何とか"          "最後"
          助詞              名詞              動詞            助動詞
    "まで"            "出席"            "でき"              "た"
          記号            感動詞            助動詞            助動詞
      "。"          "ありがとう"        "ござい"          "まし"
        助動詞              記号
      "た"              "。"
```

上記の解析結果のクラスは，listとなっています。

```
> # データのクラスを確認
> class(dat)
[1] "list"
> # リスト形式の1つめのデータにアクセス
> dat[[1]]
```

| 名詞 | 助詞 | 名詞 | 助詞 | 動詞 | 動詞 | 助動詞 | 名詞 | 記号 |
|------|------|------|------|------|------|--------|------|------|
| "先生" | "の" | "熱意" | "が" | "感じ" | "られ" | "た" | "点" | "。" |

自由記述の数（リストの長さ）を確認するときは，length 関数を使います。本章の分析データの場合は，受講生の数と同じ 100 という数が結果として得られます。

```
> # 自由記述の数（リストの長さ）を確認
> length(dat)
[1] 100
```

そして，個々の自由記述の語数，分析データ全体の語数などを確認するには，以下のような処理を行います[116]。

```
> # 分析データの概要を確認
> summary(dat) %>%
>   head()
     Length Class   Mode
[1,] 9      -none-  character
[2,] 33     -none-  character
[3,] 21     -none-  character
[4,] 22     -none-  character
[5,] 24     -none-  character
[6,] 38     -none-  character
> # 分析データ全体の語数を確認
> summary(dat)[, 1] %>%   # 上記のLengthの部分だけを抽出
>   as.numeric() %>%   # クラスを数値に変換
>   sum()   # 自由記述の語数の総計を計算
[1] 1911
> summary(dat)[, 1] %>%
>   as.numeric() %>%
>   summary()   # Lengthの部分の記述統計量を計算
   Min. 1st Qu.  Median    Mean 3rd Qu.    Max.
   3.00   15.00   20.00   19.11   23.00   53.00
```

上記の結果を見ると，分析データ全体の語数が 1911 語，個々の自由記述の

---

[116] RMeCab パッケージで計算される語数は，実行環境の OS の種類やバージョンによって異なる場合があります。

第7章　授業評価アンケートの分析

語数の平均値（Mean）が 19.11，個々の自由記述の語数の中央値（Median）が
20.00 であることなどがわかります。hist 関数を使うことで，個々の自由記述
の語数の分布をヒストグラムで可視化することもできます（**図 7.1**）。

```
> # 個々の自由記述の語数の分布をヒストグラムで可視化
> summary(dat)[, 1] %>%
>   as.numeric() %>%
>   hist(., main = NA, xlab = "Number of Words")
```

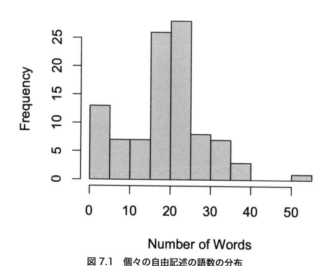

図 7.1　個々の自由記述の語数の分布

## 7.3　単純な頻度集計

　分析データ（100 件の自由記述）全体から単語の頻度集計表を作成する方法は，
いくつかあります。ここでは，まず unlist 関数でリストの要素（個々の自由記述）
を結合し，data.frame 関数でデータフレームの形式に変換します。

```
> # リストの要素（個々の自由記述）を結合
> dat.2 <- unlist(dat)
> # 結合したデータの冒頭を確認
> head(dat.2)
  名詞    助詞    名詞    助詞    動詞    動詞
"先生"   "の"   "熱意"   "が"   "感じ"   "られ"
```

```
> class(dat.2)   # データのクラスを確認
[1] "character"
> dat.3 <- data.frame(dat.2, names(dat.2))   # データフレー
ムに変換
> class(dat.3)   # データのクラスを確認
[1] "data.frame"
> colnames(dat.3) <- c("Morphemes", "POS")   # 列ラベルを指
定
> head(dat.3)   # 作成したデータフレームの冒頭を表示
   Morphemes    POS
1        先生   名詞
2          の   助詞
3        熱意   名詞
4          が   助詞
5        感じ   動詞
6        られ   動詞
```

そして，上記のデータフレームの1列目（Morphemes）の要素を table 関数で集計すると，単語の頻度集計表を得られます。その際，sort 関数を用いて，頻度順（降順）で単語を並べ替えます。

```
> # 単語の頻度集計表を作成
> table(dat.3[, 1]) %>%   # データフレームの1列目を集計
>   sort(., decreasing = TRUE) %>%   # 降順で並べ替え
>   data.frame()   # データフレームに変換
     Var1    Freq
1       。     137
2       た      99
3       の      99
4       が      96
5       ，      83
  (省略)
```

同様に，データフレームの2列目（POS）の要素を集計すると，品詞の頻度集計表が得られます。

```
> # 単語の頻度集計表を作成
> table(dat.3[, 2]) %>%   # データフレームの2列目を集計
>   sort(., decreasing = TRUE) %>%   # 降順で並べ替え
>   data.frame()   # データフレームに変換
```

第7章 授業評価アンケートの分析

```
      Var1    Freq
1     助詞     513
2     名詞     492
3     助動詞    248
4     動詞     240
5     記号     223
6     形容詞    121
7     副詞      57
8     感動詞      9
9     接続詞      3
10    連体詞      3
11    接頭詞      2
```

## 7.4 品詞別の頻度集計

　分析データに関する十分な知識や経験がある分析者であれば，前節で作成したような単純な頻度集計表を見るだけでも，解析結果から様々な知見を導き出すことができるかも知れません。しかしながら，一般的に頻度上位には助詞などの機能語が多く，頻度集計表を眺めているだけでは有益な知見を見い出せないこともあります[117]。

　単語の頻度集計表を作成するにあたって，品詞別に単語の頻度を集計すると，解析結果を解釈しやすくなります。どの品詞に注目するべきかの判断はケースバイケースですが，名詞の頻度を確認してみると，分析データにおいて何が話題になっているかがわかります。データフレームから特定の品詞の単語だけを抽出する際は，filter 関数が便利です。

```
> # 名詞の単語のみを表示
> filter(dat.3, POS == "名詞") %>%
>   head()
  Morphemes    POS
1      先生    名詞
2      熱意    名詞
3       点    名詞
4    レポート   名詞
```

---

[117] 頻度集計表の上位に現れている高頻度語をうまく解釈できない場合，中頻度や低頻度の単語に注目することがあります。それ自体は決して悪いことではありませんが，どの単語に注目するべきかの判断が恣意的になる危険性を孕みます。

| 5 | テーマ | 名詞 |
| 6 | 複数 | 名詞 |

　図 **7.2** は，頻度上位 20 位までの名詞を棒グラフで可視化したものです[118]。棒グラフの作成には，barplot 関数を使っています。その際，macOS における日本語の文字化けを防ぐために，par(family = "HiraKakuProN-W3") で，描画に用いるフォントを指定しています[119]。そして，この図を見ると，「授業」，「先生」，「教室」などの単語の頻度が高いことがわかります。

```
> # 頻度上位20位までの名詞を集計
> nouns <- filter(dat.3, POS == "名詞")  # 名詞の単語だけを
抽出
> top.nouns <- as.vector(nouns[, 1]) %>%  # 単語の情報を抽出
>   table() %>%  # 単語の頻度を集計
>   sort(., decreasing = TRUE) %>%  # 頻度の高い順に並べ替え
>   head(., 20) %>%  # 上位20位までを抽出
>   data.frame()  # データフレームに変換
> # 頻度上位の名詞を確認
> head(top.nouns)
        .   Freq
1     授業    26
2     先生    23
3     教室    19
4      の    15
5   スライド   14
6     内容    14
> # 描画に用いるフォントを指定（macOSの場合）
> par(family= "HiraKakuProN-W3")
> # 棒グラフで可視化
> # 引数namesでラベルを指定し，引数las = 2でラベルの向きを縦に
> barplot(top.nouns[, 2], names = top.nouns[, 1], las =
2)
```

[118] 正確には，dat.3 の最初の 20 行のデータを可視化しています。したがって，頻度上位 20 位に複数の単語が存在する場合，同じ頻度の単語の一部が可視化されません。その際は，可視化する単語の数を変えるなどして，適宜対応してください。また，本章の集計では，単語の表記ゆれや活用形を考慮していないことに留意してください。

[119] 描画時にフォントの設定を変更するのが面倒な場合は，R の環境設定ファイルでフォントを設定する方法もあります。詳細は，インターネットで「R　macOS　plot　日本語文字化け　RProfile」などと検索してみてください。

第7章　授業評価アンケートの分析

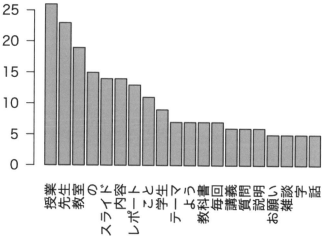

図7.2　頻度上位20位までの名詞

　次に，形容詞の単語を集計します。形容詞は物事に対する描写や評価に用いられる単語であるため，名詞と同様に，アンケートの分析で注目されることの多い品詞です。

```
> # 頻度上位20位までの形容詞を集計
> adjectives <- filter(dat.3, POS == "形容詞")  # 形容詞の
単語だけを抽出
> top.adjectives <- as.vector(adjectives[, 1]) %>%
>   table() %>%
>   sort(., decreasing = TRUE) %>%
>   head(., 20) %>%
>   data.frame()
> # 描画に用いるフォントを指定（macOSの場合）
> par(family= "HiraKakuProN-W3")
> # 棒グラフで可視化
> # 引数namesでラベルを指定し，引数las = 2でラベルの向きを縦に
> barplot(top.adjectives[, 2], names =
top.adjectives[, 1], las = 2)
```

　図 7.3 は，頻度上位 20 位までの形容詞を棒グラフで可視化したものです。この図を見ると，「ほしい」，「よかっ」，「なし」などの単語の頻度が高いことがわかります。

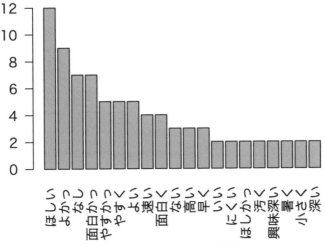

図 7.3 頻度上位 20 位までの形容詞

　続いて，副詞の単語を集計します。形容詞と同様，副詞は物事に対する描写や
評価に用いられる単語であるため，アンケートの分析で注目される品詞の 1 つで
す。

```
> # 頻度上位20位までの副詞を集計
> adverbs <- filter(dat.3, POS == "副詞")   # 副詞の単語だけ
を抽出
> top.adverbs <- as.vector(adverbs[, 1]) %>%
>   table() %>%
>   sort(., decreasing = TRUE) %>%
>   head(., 20) %>%
>   data.frame()
> # 描画に用いるフォントを指定（macOSの場合）
> par(family= "HiraKakuProN-W3")
> # 棒グラフで可視化
> # 引数namesでラベルを指定し，引数las = 2でラベルの向きを縦に
> barplot(top.adverbs[, 2], names = top.adverbs[, 1],
las = 2)
```

　図 7.4 は，頻度上位 20 位までの副詞を棒グラフで可視化したものです。この
図を見ると，「もう少し」，「特に」，「もっと」などの単語の頻度が高いことがわ
かります。

第 7 章　授業評価アンケートの分析

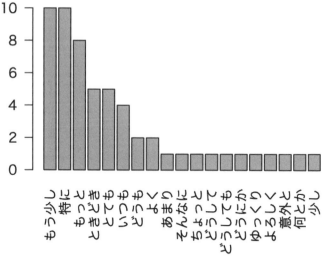

**図 7.4　頻度上位 20 位までの副詞**

　最後に，動詞の単語を集計します。ひとくちに動詞と言っても，動作を表すもの，状態を描写するもの，書き手の知覚や意志を表すものなど，様々なものが含まれています。そのため，名詞や形容詞に比べると結果の解釈をしにくい場合もありますが，一応確認しておきます。

```
> # 頻度上位20位までの動詞を集計
> verbs <- filter(dat.3, POS == "動詞")  # 動詞の単語だけを
抽出
> top.verbs <- as.vector(verbs[, 1]) %>%
>   table() %>%
>   sort(., decreasing = TRUE) %>%
>   head(., 20) %>%
>   data.frame()
> # 描画に用いるフォントを指定（macOSの場合）
> par(family= "HiraKakuProN-W3")
> # 棒グラフで可視化
> # 引数namesでラベルを指定し，引数las = 2でラベルの向きを縦に
> barplot(top.verbs[, 2], names = top.verbs[, 1], las =
2)
```

　図 **7.5** は，頻度上位 20 位までの動詞を棒グラフで可視化したものです。この

図を見ると，「し」，「する」，「ある」などの単語の頻度が高いことがわかります。

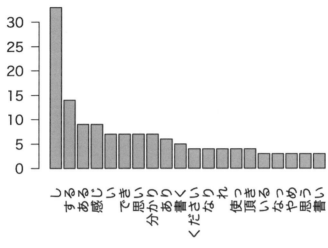

図7.5 頻度上位20位までの動詞

## 7.5 用例検索

7.3 節と 7.4 節では，様々な単語の頻度集計表を作成しました。テキストにおける単語の頻度を集計することで，そのテキストで繰り返し用いられている表現を簡単に把握することができます。しかし，個々の単語の意味は，その単語が使われている文脈によって変わります。したがって，テキストアナリティクスを行う際は，頻度という数値に変換された結果を見るだけではなく，可能な限り，自分の目で実際の用例を確認する必要があります。以下は，第 6 章 6.7 節で定義した kwic.conc 関数を用いて，最も頻度の高い名詞である「教室」の用例を検索し，左右 5 語ずつの文脈とともに表示した結果です（この関数を使うには，第 6 章 6.7 節のコードを事前に実行する必要があります）[120]。

```
> # 「教室」の用例検索
> kwic.conc(dat.2, "教室", 5)
-------------------- 1 --------------------
授業 で 使って いる [ 教室 ] の Wi - Fi が
-------------------- 2 --------------------
```

---

※ 120 ここでは紙面の都合で文脈を左右 5 語ずつにしていますが，左右 10 語程度にした方が文脈を読み取りやすくなります。

第7章　授業評価アンケートの分析

```
。 試験 の とき に ［ 教室 ］ が 暑く て , 問題
-------------------- 3 --------------------
て , うれしかっ た 。 ［ 教室 ］ の 時計 が いつも 数
-------------------- 4 --------------------
あり ませ ん 。 いつも ［ 教室 ］ が 寒い の は ,
-------------------- 5 --------------------
が いい と 思う 。 ［ 教室 ］ の 冷房 が 寒 すぎる
-------------------- 6 --------------------
に して ほしい 。 ［ 教室 ］ が きれい で , 涼しかっ
-------------------- 7 --------------------
に 入って から , ［ 教室 ］ が 暑く て つらかっ た
-------------------- 8 --------------------
弱め な の と , ［ 教室 ］ の 電源 が 少なめ な
-------------------- 9 --------------------
ました 。 普通 の ［ 教室 ］ で は なく , パソコン
-------------------- 10 --------------------
で は なく , パソコン ［ 教室 ］ で 授業 を する と
-------------------- 11 --------------------
と 思い まし た 。 ［ 教室 ］ の 冷房 が きつい とき
-------------------- 12 --------------------
する 回 は , コンピュータ ［ 教室 ］ を 使える と 便利 だ
-------------------- 13 --------------------
後期 も 楽しみ です 。 ［ 教室 ］ で 電源 が 使える 場所
-------------------- 14 --------------------
作業 が でき ない 。 ［ 教室 ］ の 電源 を もっと 確保
-------------------- 15 --------------------
ありがとう ござい まし た 。 ［ 教室 ］ の 電源 が 少なめ な
-------------------- 16 --------------------
た と 思い ます 。 ［ 教室 ］ が 寒く て , 試験
-------------------- 17 --------------------
管理 を やめ て , ［ 教室 ］ ごと に 温度 を 設定
-------------------- 18 --------------------
。 特に なし 。 コンピュータ ［ 教室 ］ で 授業 を 受け られる
-------------------- 19 --------------------
ない ので 嬉しい です 。 ［ 教室 ］ の Wi - Fi が
```

　上記のように，「教室」の用例は，全部で 19 例あります。そして，個々の用例を読んでみると，教室の温度，Wi-Fi，電源などに関する不満，コンピュータ教室を使いたいという要望などが見つかります。他の名詞の分析は紙面の都合で割愛しますが，「スライド」や「教科書」などの単語に注目すると，受講生の様々な意見や希望が明らかになります。

次に，最も頻度の高い形容詞である「ほしい」の用例を確認します。

```
> # 「ほしい」の用例検索
> kwic.conc(dat.2, "ほしい", 5)
------------------- 1 -------------------
と として 配布 して [ ほしい ] 。 レポート の 書き方 を
------------------- 2 -------------------
速い ので ， レジュメ が [ ほしい ] です 。 先生 の 話し方
------------------- 3 -------------------
に も 質問 して [ ほしい ] 。 試験 の とき に
------------------- 4 -------------------
もっと 質問 を して [ ほしい ] 。 特に なし 。 学生
------------------- 5 -------------------
ので ， どうにか して [ ほしい ] 。 先生 の 話 が
------------------- 6 -------------------
。 レジュメ に して [ ほしい ] 。 教室 が きれい で
------------------- 7 -------------------
でも 配布 して [ ほしい ] です 。 授業 で 扱う
------------------- 8 -------------------
座席 指定 を やめて [ ほしい ] 。 その 日 の 気分
------------------- 9 -------------------
座席 指定 を やめて [ ほしい ] 。 スライド が よく 作り
------------------- 10 -------------------
を もっと 確保 して [ ほしい ] 。 先生 の スライド の
------------------- 11 -------------------
できる よう に して [ ほしい ] 。 特に なし 。 コンピュータ
------------------- 12 -------------------
学生 に 質問 して [ ほしい ] 。 先生 の 雑談 が
```

「ほしい」という単語は，文字通り書き手の要望を表す表現であるため，マーケティング目的のアンケート分析などでも注目される単語です。今回の授業評価では，レジュメがほしい，座席指定をやめてほしい，学生に質問してほしいなどの要望が寄せられています。

また，書き手の要望を表す単語には，副詞の「もう少し」や「もっと」なども含まれます。これらの単語は，「もう少し～ほしい」や「もっと～ほしい」のように，「ほしい」と一緒に用いられることもあります。

```
> # 「もう少し」の用例検索
> kwic.conc(dat.2, "もう少し", 5)
```

```
-------------------- 1 --------------------
, レポート の テーマ を ［ もう少し ］ 早く 発表 して 頂き
-------------------- 2 --------------------
締切 が 厳しい ので ，［ もう少し ］ 時間 を 長め にとって ほしかっ
-------------------- 3 --------------------
ほしかった 。 後期 は ［ もう少し ］ 余裕 を もった スケジュール
-------------------- 4 --------------------
回転 が 速い ので ，［ もう少し ］ ゆっくり だ と 理解 が
-------------------- 5 --------------------
たが ， 価格 が ［ もう少し ］ 安い と よかった です
-------------------- 6 --------------------
て つらかった です 。［ もう少し ］ 温度 を 下げ られ たら
-------------------- 7 --------------------
, レポート の 字数 を ［ もう少し ］ 少なめ に して 頂き
-------------------- 8 --------------------
字 が 小さい ので ，［ もう少し ］ 大きく 書いて 頂ける と
-------------------- 9 --------------------
で 精一杯 だった 。［ もう少し ］ 早く テーマ を 教えて
-------------------- 10 --------------------
レポート を 書く の が ［ もう少し ］ 楽 に なった 気
> # 「もっと」 の用例検索
> kwic.conc(dat.2, "もっと", 5)
-------------------- 1 --------------------
た 。 学生 たち に ［ もっと ］ 質問 を して ほしい
-------------------- 2 --------------------
範囲 が 広い ので ，［ もっと ］ 最後 に まとめ の 時間
-------------------- 3 --------------------
自体 は 面白い ので ，［ もっと ］ 普通 に 話して も
-------------------- 4 --------------------
し そう な ので ，［ もっと ］ 深い 内容 も 勉強 し
-------------------- 5 --------------------
が 面白かった ので ，［ もっと ］ 深い 話 も 聞いて
-------------------- 6 --------------------
。 教室 の 電源 を ［ もっと ］ 確保 して ほしい 。
-------------------- 7 --------------------
教えて くれ たら ，［ もっと ］ よい レポート を 書け た
-------------------- 8 --------------------
面白い 講義 でした 。［ もっと ］ 早く この 授業 を 履修
```

　マーケティングでアンケート分析を行う場合は，「ない」や「にくい」のような単語を確認することで，「〜することができない」や「〜しにくい」といったトラブルに関する情報を発見できるでしょう。また，「とき」や「際」のような

単語を確認することで，「〜したとき」や「〜した際」のような商品の具体的な使用状況を把握できます。どのような単語を調べるかは，分析者の腕の見せ所です。

**Column … word2vec**

近年，word2vec という自然言語処理の技術が大きな話題となりました。word2vec は，「共起する単語が似ていれば，類似した意味の単語である」という仮説に基づき，大規模コーパスから単語の意味を学習する手法です（西尾，2014）[121]。そして，ベクトル表現の学習には，特定の単語から周辺の単語を予測する **skip-gram** という方法と，周辺の単語から特定の単語を予測する **CBOW**（<u>c</u>ontinuous <u>b</u>ag-<u>o</u>f-<u>w</u>ords）という 2 種類の方法があります。図 **7.6** は，skip-gram と CBOW のイメージです。

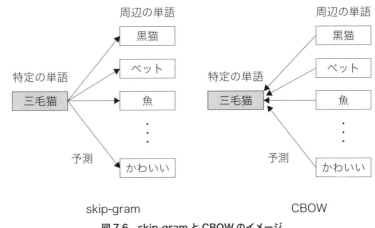

**図 7.6　skip-gram と CBOW のイメージ**

大規模なデータから word2vec で単語の意味を学習すると，単語同士の足し算や引き算ができるようになります。たとえば，"king – man ＋ woman ＝ queen" という計算式を導き出した成功例が知られています（Mikolov et al., 2013）[122]。なお，R で word2vec を行う場合は，word2vec パッケージ[123] などを使います。

---

※ **121**　この手法は，高次元（分析データにおける単語数と同じ数の次元）の情報を低次元に埋め込む（圧縮する）ため，word embedding と呼ばれることもあります。また，単語レベルだけでなく，文レベルや文書レベルも扱えるように word2vec を拡張した doc2vec という手法も提案されています（Lau & Baldwin, 2016）。

※ **122**　このようなわかりやすい計算式を得るためには，かなり大規模なデータから学習する必要があります。また，周辺の単語の情報を利用する word2vec は，「あのラーメン屋はおいしい」の「おいしい」と「あのラーメン屋はまずい」の「まずい」のように，まったく同じ文脈で用いることができる反義語の扱いが苦手な点にも注意が必要です（岡﨑他, 2022）。

※ **123**　https://cran.r-project.org/package=word2vec

## 8.1 マーケティングのためのクチコミ分析

　現在はビッグデータ時代とも呼ばれ，多種多様なデジタル化されたデータがインターネット上に存在しています。たとえば，SNS，ブログ，掲示板，コミュニティサイトなどには，顧客の「声」が溢れています。インターネット上にある顧客の「声」は，アンケートやコールセンターに寄せられる意見よりも量が多く，その内容も多岐にわたります。そのような「声」は，マーケティング，ブランド調査，キャンペーン反響測定，風評調査などにとって非常に重要なものです（佐藤・浅野，2013）。そして，商品開発やサービス向上などに関する有益な情報を得るために顧客の「声」を調査することをクチコミ分析と言います。

　ここで，クチコミ分析の成功例を紹介します。ロッテは，2003年に「クーリッシュ」というペットボトル型のアイスクリームを発売した際，「マイナス8℃の新食感」や「なめらかな飲むアイス」などのキャッチコピーを使っていました。しかし，インターネット上のクチコミを分析したところ，「歩きながら食べる」や「スポーツ観戦しながら」といった「ながら食べ」が消費者に受けていることが判明しました（村本，2007）。このような開発者や営業担当者も知らなかった消費のされ方は，その後の宣伝活動や商品開発にとって非常に有益な情報となりました。

　また，クチコミ分析は，他人に感想を話しにくい商品に関する情報を集めるのにも有効です。たとえば，人間用の尿試験紙の問題点を明らかにする目的で行われた調査で，多くの消費者が（人間ではなく）ペットの健康管理に利用していることが判明しました。その数は，回答者全体の15%および，利用目的の第3位でした。最初は担当者も「何かの間違いではないか」と思ったそうですが，実際はどこかの動物病院の獣医師が勧めたのがきっかけとなっていたようです（村本，2007）。人間の使用を前提に開発された商品がペットに使われるという事態はかなり驚く

べきことですが，想定外の結果が新たな事業の可能性を示唆している貴重な例であるとも言えます。

　クチコミ分析は，顧客の声を「見える化」し，商品やサービスの改善に役立つヒントや気づきを与えてくれる技術です（三室他, 2007）。クチコミ分析を行うことで，特定の商品に関して，消費者が評価している点，改善すべき点，ニッチな要望などに関する情報が得られます。また，「あの商品はなぜ売れているのか」，あるいは「この商品はなぜ売れていないのか」という疑問に答えることができます。

　本章では，共起語の頻度を集計し，共起ネットワークによる可視化を行うことで，オンラインレビューサイトのクチコミを分析していきます。具体的には，高評価のレビューと低評価のレビューにおける単語の使われ方の違いを比較し，分析対象とする商品の長所と短所を把握することを目的とします。

## 8.2　分析データ

　本章の分析データは，14 インチの折りたたみ自転車に関するオンラインレビュー（50 件）です[124]。まずは，read.csv 関数を使って，このオンラインレビューのデータ（本書付属データに含まれている Review.csv）を R に読み込みます。

```
> # CSVファイルの読み込みと形態素解析（Review.csvを選択）
> dat <- read.csv(file.choose(), header = TRUE)
> # 読み込んだデータのクラス名を確認
> class(dat)
[1] "data.frame"
> # 読み込んだデータの冒頭を確認
> head(dat)
  Star
1    1
2    1
3    1
4    1
5    1
6    1
```

---

※ 124　このデータは，実在する自転車のレビューを参考にして作成された架空のデータです。

```
Comment
1
見た目が可愛いので購入しましたが，すぐにお尻が痛くなりました。また，タイ
ヤが小さいせいか，路面からの振動をダイレクトに受けやすく，ハンドルを握っ
ている手まで痛くなります。サドルやグリップを交換してみましたが，効果なし。
2
少しでも軽くするためなのか，純正のサドルが固すぎる。自宅から駅まで10分ほ
ど走っただけで，お尻が痛くて割れそうになる。柔らかいサドルに交換したら多
少はマシになったが，それでもまだ痛い。私には合わない自転車でした。
3
買ってまだ一ヶ月ほどで，丁寧に取り扱っていたつもりですが，後輪のスポーク
が2本折れていました。私の体重は60kgなので，体重制限にもかかっていませ
ん。気に入っていただけに，非常にショックです。
4
他の方も書かれているように，初期整備不良でした。ボルトを締め過ぎて，自分
で締め直そうと思っても，なかなか外れません。近くの自転車屋さんに持ってい
き，整備し直してもらいました。整備費として1万円以上かかってしまい，手痛い
出費となりました。ちなみに，現在は何の問題もなく乗れています。
5
初期整備不良だった。ブレーキがタイヤと接触しているし，サドルが少しゆがん
で取り付けられている。金返せ。
6
見た目はいいが，走りは遅いし，操作も不安定。ホームセンターで売っている1万
円台の自転車と性能的には変わらない。ブランド代と言われればそれまでだが，
ぼったくりとも言える。
> # レビューの数（データの行数）を確認
> nrow(dat)
[1] 50
```

　読み込んだデータは，5段階評価（Star）とコメント（Comment）の2列か
らなるデータフレームとなっています。

## 8.3　レビューの評価の集計

　まず，1列目の5段階評価を分析します。この列に table 関数を適用すると，
星1つから星5つまでの5段階評価の分布がわかります。また，mean 関数を用
いると，評価の平均値を求めることができます。

第 8 章　オンラインレビューを用いたクチコミ分析

```
> # 5段階評価を集計
> table(dat[, 1])

 1   2   3   4   5
 8   4  10  13  15
> # 5段階評価の平均値を計算
> mean(dat[, 1])
[1] 3.46
```

そして，barplot 関数を使うと，5 段階評価の分布を可視化することができます（図 **8.1**）。また，prop.table 関数を併用することで，度数を百分率に変換してからグラフを描くことが可能です（図 **8.2**）。

```
> # パッケージの読み込み
> library("tidyverse")
> # 5段階評価の分布を可視化
> table(dat[, 1]) %>%   # 評価を集計
>   barplot(., xlab = "Star", ylab = "Freq.")  # 棒グラフ
> # 5段階評価の度数を百分率に変換
> table(dat[, 1]) %>%
>   prop.table() * 100

 1   2   3   4   5
16   8  20  26  30
> # 5段階評価の分布を百分率で可視化
> percentages <- table(dat[, 1]) %>%
>   prop.table() * 100   # 百分率に変換
> barplot(percentages, xlab = "Star", ylab = "%")   # 棒
グラフ
```

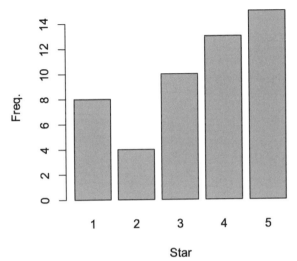

図 8.1　5 段階評価の分布（度数）

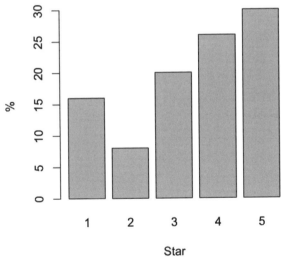

図 8.2　5 段階評価の分布（百分率）

## 8.4　低評価コメントと高評価コメントの比較

　続いて，2列目のコメントの分析に入ります。評価の低いコメントと評価の高いコメントを一緒に分析してしまうと，結果を解釈しにくくなります。そこで，ここでは，星1〜3つのコメント（低評価コメント）と星4〜5つのコメント（高評価コメント）に分けて分析を進めます[125]。具体的には，低評価コメントと高評価コメントのそれぞれから名詞と形容詞の単語を抽出し，頻度集計表を作成します。

```
> # パッケージの読み込み
> library("RMeCab")
> # 低評価コメントを集計
> lower <- filter(dat, Star <= 3)   # 評価が3以下の行を抽出
> lower.df <- RMeCabDF(lower, 2) %>%   # 形態素解析
>   unlist() %>%   # リストを結合
>   data.frame(., names(.))   # 形態素と品詞の2列から成るデータ
フレームを作成
> colnames(lower.df) <- c("Morphemes", "POS")   # 列ラベル
を付与
> lower.df.2 <- filter(lower.df, POS == "名詞" | POS ==
"形容詞")   # 名詞と形容詞の単語のみを集計
> lower.vec <- as.vector(lower.df.2[, 1]) %>%   # 単語の情
報をベクトル形式に変換
>   table() %>%   # 頻度を集計
>   sort(., decreasing = TRUE) %>%   # 降順で並べ替え
>   as.matrix()   # 行列に変換
> head(lower.vec, 20)   # 集計結果の冒頭を確認
        [,1]
ため      7
の        7
自転車    7
小さい    7
タイヤ    6
整備      6
```

---

[125]　厳密に言えば，5段階評価の3は「低評価」ではないかも知れません。それなりのサイズの実データを分析する場合，星1〜2つのコメントを低評価コメントとし，星4〜5つのコメントを高評価コメントとする方が分析結果を解釈しやすい可能性があります(ここでは，サンプルデータが小さいため，星3つのコメントも分析に使っています)。

```
軽い        5
軽く        5
購入        5
尻          5
痛く        5
サドル      4
スピード    4
ない        4
非常        4
方          4
問題        4
1           3
こと        3
チェーン    3
> # 高評価コメントを集計
> higher <- filter(dat, Star >= 4)    # 評価が4以上の行を抽出
> higher.df <- RMeCabDF(higher, 2) %>%
>   unlist() %>%
>   data.frame(., names(.))
> colnames(higher.df) <- c("Morphemes", "POS")
> higher.df.2 <- filter(higher.df, POS == "名詞" | POS
== "形容詞")
> higher.vec <- as.vector(higher.df.2[, 1]) %>%
>   table() %>%
>   sort(., decreasing = TRUE) %>%
>   as.matrix()
> head(higher.vec, 20)
          [,1]
自転車      16
こと        14
軽い        10
輪           9
行           8
購入         8
の           7
よう         7
街           6
乗り         6
折りたたみ   6
電車         6
インチ       5
さ           5
シングル     5
スピード     5
```

第 8 章　オンラインレビューを用いたクチコミ分析

| | |
|---|---|
| なく | 5 |
| 軽 | 5 |
| 軽く | 5 |
| 台 | 5 |

　上記の低評価コメントに頻出する名詞と形容詞を見ると，「痛く」という形容詞が目につきます。この頻度集計表を見ると，どうやら「タイヤ」の「小さい」「自転車」に乗ると，「尻」が「痛く」なるようです。また，低評価コメントに「整備」という単語が現れているのも気になります[126]。

　一方，高評価コメントに頻出する名詞と形容詞を見ると，「街」「乗り」や「電車」での移動に便利であることが高評価の理由であるようです。また，「軽い」，「軽」，「軽く」などが頻度上位に見られるように，車体の軽さも評価されているようです。一般的に，14 インチの折りたたみ自転車は非常にコンパクトで重量も軽いため，気軽な街乗りや電車輪行などに活用されています。

## 8.5　共起語の集計

　前節で行ったように，単語の頻度を集計することで，テキストの内容をある程度推測することができるようになります。しかし，単純に単語の頻度を眺めるだけでは，十分なクチコミ分析ができません。たとえば，「痛く」という単語が頻度集計表に含まれていた場合，具体的に何が「痛く」なったのかを調べる必要があります。言うまでもなく，商品の問題点や顧客の要望がわからなければ，商品やサービスを改善することはできません。

　気になる単語がどのような文脈で使われているかを確認する方法の 1 つは，共起語分析（第 6 章 6.4 節参照）です。もちろん，文脈を詳しく確認するという観点では，KWIC コンコーダンス（第 6 章 6.7 節参照）の方が強力なツールとなります。しかし，人間の目で読むことができないほどの大規模なデータを分析する場合などに，共起語の頻度集計が役に立つでしょう。

　R で共起語分析を行うには，RMeCab パッケージの collocate 関数を使います。ただ，この関数では，ファイルを読み込ませることが想定されており，デー

---

※ 126　本章上段で head(dat) を実行した結果の中に，「初期整備不良」という表現が 2 回出てきています。

タフレーム形式やベクトル形式のデータを解析することができません。そこで，ここでは tempfile 関数で一時ファイルを作成し，そのファイルを collocate 関数に渡します。以下の処理では，低評価コメントと高評価コメントのそれぞれを形態素解析し，その結果を一時ファイル（tmp および tmp.2）に保存しています。

```
> # 低評価コメントを一時ファイルに保存
> tmp <- tempfile()  # 一時ファイルを作成
> RMeCabDF(lower, 2) %>%  # 形態素解析
>   unlist() %>%  # リストを結合
>   write(., file = tmp)  # 一時ファイルに書き出し
> # 高評価コメントを一時ファイルに保存
> tmp.2 <- tempfile()
> RMeCabDF(higher, 2) %>%
>   unlist() %>%
>   write(., file = tmp.2)
```

作成した一時ファイルを使って，共起語の集計を行います。まず，低評価コメントにおける「痛い」の共起語を調べます[127]。なお，collocate 関数を使う際は，「痛く」のような単語の表記形ではなく，「痛い」のような原形で指定しなければなりません。また，共起語を集計する場合は，検索語の前後何語までを集計の対象とするかを引数 span で指定します。

```
> # 低評価コメントにおける「痛い」の共起語を集計（前後3語までを集計）
> (lower.coll <- collocate(tmp, node = "痛い", span = 3))
  (省略)
length = 351
        Term   Before  After  Span   Total
1          。      0      4     4      68
2        いる      1      0     1      24
3          お      3      0     3       6
4          が      4      0     4      49
5        こと      0      1     1       3
6        すぐ      1      0     1       3
7        そう      0      1     1       2
8      それでも      1      0     1       1
```

---

※ **127** collocate 関数の結果としてデフォルトで表示される単語の順番や数は，OS の種類や MeCab のバージョンによって異なることがあります。

第 8 章　オンラインレビューを用いたクチコミ分析

| 9 | た | 0 | 1 | 1 | 28 |
| 10 | て | 0 | 1 | 1 | 46 |
| 11 | なる | 0 | 4 | 4 | 10 |
| 12 | に | 1 | 1 | 2 | 42 |
| 13 | ます | 0 | 3 | 3 | 34 |
| 14 | まだ | 1 | 0 | 1 | 2 |
| 15 | まで | 1 | 0 | 1 | 3 |
| 16 | 割れる | 0 | 1 | 1 | 1 |
| 17 | 尻 | 3 | 0 | 3 | 5 |
| 18 | 手 | 1 | 0 | 1 | 2 |
| 19 | 痛い | 6 | 0 | 6 | 6 |
| 20 | 私 | 0 | 1 | 1 | 2 |
| 21 | , | 1 | 0 | 1 | 89 |
| 22 | [[MORPHEMS]] | 11 | 10 | 21 | 351 |
| 23 | [[TOKENS]] | 24 | 18 | 42 | 1220 |

　上記の集計結果では，Before が「その単語が検索語の前（左）に現れる頻度」を，After が「その単語が検索語の後ろ（右）に現れる頻度」，Span が「その単語がスパン内に現れる頻度」（Before + After），Total が「その単語自体の頻度」を，それぞれ表しています。そして，Span の列を見ると，「尻」という単語が 3 回「痛い」と共起しています。

　また，collScores 関数を用いると，単なる共起頻度ではなく，T（T score）や MI（Mutual Information）という統計指標を使った共起語分析が可能になります。以下は，MI の高い順に「痛い」の共起語を並べ替えた結果（上位 10 位まで）です[128]。

```
> # TとMIを計算
> lower.score.2 <- collScores(lower.coll, node = "痛い",
span = 3)
> # MIの高い順に共起語を並べ替えて表示（上位10位まで）
> arrange(lower.score.2, desc(MI))[1 : 10, ]
     Term  Before  After  Span  Total         T         MI
8  それでも      1      0     1      1  0.9704918  5.082740
16   割れる      0      1     1      1  0.9704918  5.082740
17      尻      3      0     3      5  1.6468680  4.345775
3       お      3      0     3      6  1.6298314  4.082740
```

---

[128] MI で並べ替えると，どのテキストにも高頻度で現れる句読点や機能語の順位が下がり，低頻度語の順位が上がる傾向があります。

| 7 | そう | 0 | 1 | 1 | 2 | 0.9409836 | 4.082740 |
|---|---|---|---|---|---|---|---|
| 14 | まだ | 1 | 0 | 1 | 2 | 0.9409836 | 4.082740 |
| 18 | 手 | 1 | 0 | 1 | 2 | 0.9409836 | 4.082740 |
| 20 | 私 | 0 | 1 | 1 | 2 | 0.9409836 | 4.082740 |
| 11 | なる | 0 | 4 | 4 | 10 | 1.8524590 | 3.760812 |
| 5 | こと | 0 | 1 | 1 | 3 | 0.9114754 | 3.497778 |

　MIで並べ替えると，「痛い」の共起語の中で，「尻」は3位となっています。この並べ替えたリストを見ると，（何らかの手段を講じたとしても）「それでも」「尻」が「割れる」ように痛いことがわかります。一般的にタイヤの小さい自転車は路面からの振動をダイレクトに受けやすいため，お尻の痛みを訴える人が多いようです。

　次に，高評価コメントにおける「軽い」の共起語を調べます。

```
> # 高評価コメントにおける「軽い」の共起語を集計（前後3語までを集計）
> (higher.coll <- collocate(tmp.2, node = "軽い", span =
3))
（省略）
length = 447
         Term  Before  After  Span  Total
1           1      1      0     1      4
2          kg      1      0     1      2
3           。      9      2    11     88
4          いう     1      0     1      1
5          いざ     0      1     1      2
6          いる     2      0     2     28
7           が      4      0     4     64
8         こちら     0      1     1      2
9          こと     0      1     1     14
10          さ      0      5     5      5
11         する     0      2     2     42
12       そのもの    1      0     1      1
13          た      1      0     1     36
14         ため     0      1     1      3
15          て      2      4     6     52
16        できる     3      0     3     17
17         です     1      1     2     28
18          と      1      1     2     25
19        という     0      1     1      1
20       とにかく    1      0     1      1
```

| 21 | な | 1 | 0 | 1 | 12 |
|---|---|---|---|---|---|
| 22 | ない | 1 | 1 | 2 | 17 |
| 23 | に | 2 | 1 | 3 | 74 |
| 24 | の | 0 | 2 | 2 | 47 |
| 25 | ので | 0 | 5 | 5 | 22 |
| 26 | は | 0 | 2 | 2 | 35 |
| 27 | ば | 1 | 0 | 1 | 9 |
| 28 | ひく | 0 | 1 | 1 | 1 |
| 29 | ます | 7 | 0 | 7 | 61 |
| 30 | も | 3 | 0 | 3 | 40 |
| 31 | れる | 1 | 0 | 1 | 6 |
| 32 | を | 0 | 2 | 2 | 26 |
| 33 | シングル | 0 | 1 | 1 | 5 |
| 34 | モデル | 0 | 1 | 1 | 2 |
| 35 | 丸み | 0 | 1 | 1 | 1 |
| 36 | 乗り | 0 | 1 | 1 | 8 |
| 37 | 以上 | 2 | 0 | 2 | 2 |
| 38 | 値段 | 0 | 1 | 1 | 2 |
| 39 | 可愛い | 0 | 1 | 1 | 2 |
| 40 | 問題 | 1 | 1 | 2 | 4 |
| 41 | 圧倒的 | 1 | 0 | 1 | 1 |
| 42 | 変速 | 0 | 1 | 1 | 3 |
| 43 | 小さい | 0 | 1 | 1 | 4 |
| 44 | 強い | 0 | 1 | 1 | 1 |
| 45 | 感じ | 0 | 1 | 1 | 1 |
| 46 | 慣れる | 0 | 1 | 1 | 3 |
| 47 | 抜群 | 0 | 1 | 1 | 1 |
| 48 | 持ち運び | 0 | 2 | 2 | 4 |
| 49 | 正義 | 0 | 1 | 1 | 1 |
| 50 | 自転車 | 1 | 0 | 1 | 16 |
| 51 | 街 | 0 | 1 | 1 | 6 |
| 52 | 言う | 1 | 0 | 1 | 1 |
| 53 | 車体 | 1 | 0 | 1 | 1 |
| 54 | 軽い | 20 | 0 | 20 | 20 |
| 55 | 追求 | 0 | 1 | 1 | 1 |
| 56 | 違い | 1 | 0 | 1 | 2 |
| 57 | 非常 | 1 | 0 | 1 | 5 |
| 58 | , | 4 | 8 | 12 | 102 |
| 59 | [[MORPHEMS]] | 24 | 34 | 58 | 447 |
| 60 | [[TOKENS]] | 77 | 60 | 137 | 1653 |

```
> # TとMIを計算
> higher.score.2 <- collScores(higher.coll, node = "軽い",
span = 3)
> # MIの高い順に共起語を並べ替えて表示（上位10位まで）
```

```
> arrange(higher.score.2, desc(MI))[1 : 10, ]
      Term  Before  After  Span  Total           T       MI
10      さ       0      5     5      5   2.0737400  3.78398
4      いう       1      0     1      1   0.9274047  3.78398
12   そのもの      1      0     1      1   0.9274047  3.78398
19     という      0      1     1      1   0.9274047  3.78398
20   とにかく      1      0     1      1   0.9274047  3.78398
28      ひく      0      1     1      1   0.9274047  3.78398
35      丸み      0      1     1      1   0.9274047  3.78398
37      以上      2      0     2      2   1.3115483  3.78398
41     圧倒的      1      0     1      1   0.9274047  3.78398
44      強い      0      1     1      1   0.9274047  3.78398
```

　上記の結果を見ると，14 インチの折りたたみ自転車だけあって，「とにかく」軽い，「圧倒的」に軽いなど，やはり車体の軽さを評価する声が多いようです。

## 8.6　共起ネットワークによる可視化

　前節では，特定の検索語に注目して，共起語を集計する方法を説明しました。本節では，発展的な共起語の分析手法として，分析対象としているデータの中で使われているすべての単語の組み合わせを網羅的に可視化する共起ネットワークを作成します。共起ネットワークは，多くの単語の共起関係を一度に分析できるため，膨大な顧客の声を「見える化」し，商品開発や業務改善に向けた気づきを与えてくれます（大谷, 2015; 竹岡他, 2016; 吉見・樋口, 2011）。

　R で共起ネットワークを作成する場合は，igraph パッケージなどを使います（第 6 章 6.4 節参照）。また，描画に使う共起情報の集計には，RMeCab パッケージの NgramDF 関数を用います。なお，NgramDF 関数でもファイルを読み込ませることが想定されているため，先ほど作成した一時ファイルからデータを読み込みます。

　まずは，低評価コメントにおける単語 2-gram（名詞と形容詞のみ）をNgramDF 関数で集計し，集計した 2-gram のデータを使ってネットワーク図を作成します。

第 8 章　オンラインレビューを用いたクチコミ分析

```
> # パッケージの読み込み
> library("igraph")
> # 低評価コメントにおける名詞と形容詞の共起ネットワークを作成
> NgramDF(tmp, type = 1, N = 2, pos = c("名詞", "形容詞
")) %>%  # 単語2-gram（名詞と形容詞のみ）の抽出
>   graph.data.frame(., directed = FALSE) %>%  # グラフ形
式のデータに変換
>   plot(., vertex.size = 5,  # ノードの大きさ
>         vertex.color = "grey70",  # ノードの色
>         vertex.label = V(.)$name,  # ノードのラベル
>         vertex.label.color = "grey10",  # ノードのラベ
ルの色
>         vertex.label.font = 2,  # ノードのラベルの書式
>         vertex.label.family = "HiraKakuProN-W3", #
ノードのラベルのフォント（macOSの場合）
>         vertex.frame.color = "grey70",  # ノードの枠の
色
>         vertex.label.cex = 0.5,  # ノードのラベルの文字の
大きさ
>         edge.color = "grey70",  # エッジの色
>         )
```

　図 8.3 は，低評価コメントにおける名詞と形容詞の共起ネットワークで
す[129]。紙面では字が小さくて見にくいかも知れませんが，様々な単語の共起関
係が描かれていて，興味深い図となっています。たとえば，図の右側に「近所」，
「コンビニ」，「スーパー」，「買い物」，「利用」という単語が見えます。前節でも
用いた KWIC コンコーダンスなどを使って，実際の用例を調べてみると，「近所
のコンビニやスーパーの買い物にも利用」しているというレビューがあり，分析
対象の自転車が利用されているシーンについて知ることができます。そして，ネッ
トワークの下の方を見ると，「長距離」の「走行」が「厳しい」という意見が見
つかります。紙面の都合で割愛しますが，これ以外にも，この図から多くの「声」
を聞くことができます。

---

※ 129　共起ネットワークでは，単語と単語の「つながり」が重要であり，図中の単語の「位置」
　　　は重要ではありません。実行環境によって，図が左右反転していたり，個々の単語の配
　　　置が異なっていたりすることがあります。

図8.3 低評価コメントにおける名詞と形容詞の共起ネットワーク

```
> # 高評価コメントにおける名詞と形容詞の共起ネットワークを作成
> NgramDF(tmp.2, type = 1, N = 2, pos = c("名詞", "形容詞
")) %>%
>   graph.data.frame(., directed = FALSE) %>%
>   plot(., vertex.size = 5,
>           vertex.color = "grey70",
>           vertex.label = V(.)$name,
>           vertex.label.color = "grey10",
>           vertex.label.font = 2,
>           vertex.label.family = "HiraKakuProN-W3", #
macOSのみ
>           vertex.frame.color = "grey70",
>           vertex.label.cex = 0.5,
>           edge.color = "grey70",
>           )
```

第 8 章　オンラインレビューを用いたクチコミ分析

　次に，高評価コメントにおける名詞と形容詞の共起ネットワークを作成します
（図 **8.4**）。

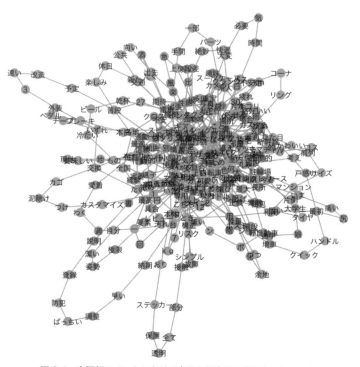

**図 8.4　高評価コメントにおける名詞と形容詞の共起ネットワーク**

　図 8.4 の左上を見ると，「休日」に自転車に乗るのが「楽しみ」であるという
レビューや，購入した自転車を「改造」する「予定」であるというレビューが見
つかります。また，（紙面では見づらいですが）右下の方には「大学生」の「娘」
が「通学」に使っているという利用シーンに関する情報もあります。

　ちなみに，可視化する共起語の数を減らしたい場合は，filter 関数などを使っ
て，描画に用いる共起の最低頻度を設定します。たとえば，高評価コメントにお
ける名詞と形容詞の共起ネットワーク（最低頻度 2）を作成するには，以下のよ
うな処理を行います（実行結果は省略）。

```
> # 高評価コメントにおける名詞と形容詞の共起ネットワーク（最低頻度2）を
作成（実行結果は省略）
> NgramDF(tmp.2, type = 1, N = 2, pos = c("名詞", "形容詞
")) %>%
>   filter(., Freq >= 2) %>%   # 最低頻度を設定
>   graph.data.frame(., directed = FALSE) %>%
>   plot(., vertex.size = 5,
>         vertex.color = "grey70",
>         vertex.label = V(.)$name,
>         vertex.label.color = "grey10",
>         vertex.label.font = 2,
>         vertex.label.family = "HiraKakuProN-W3", #
macOSのみ
>         vertex.frame.color = "grey70",
>         vertex.label.cex = 0.5,
>         edge.color = "grey70",
>         )
```

　このように，共起ネットワークは，分析対象のデータを概観するのに非常に便利なツールです。しかし，データから何らかの結論を導き出すにあたっては，KWIC コンコーダンスなどで実際の用例を確認することも忘れないでください。どんなに大きなデータを分析する場合でも，可能な限り自分の目で用例を確認し，1 人 1 人の声に耳を傾けることが大切です。

8

## Column … 金融テキストの分析

　近年，統計学とテキストアナリティクスの手法を用いて，各種のテキスト情報と市場変動の関係性を発見し，市場分析に応用する研究が増えています。そのような研究が分析対象とするテキストは，Twitter やインターネット掲示板の投稿, オンラインニュース記事, 経済レポートなどです。表8.1 は, 和泉・松井（2012）でまとめられている金融テキスト分析の概要です[※ 130]。

表 8.1　金融テキストの分析の概要

| | テキスト | Twitter | 掲示板 | ニュース | ニュース | レポート |
|---|---|---|---|---|---|---|
| 入力テキスト | 量 | 1GB 以上/ 日 | 数百KB/ 日 | 数百KB/ 日 | 数百KB/ 日 | 数百KB/ 月 |
| | 書き手 | 不特定多数 | 数百人<br>投資家 | 数百人<br>記者 | 数百人<br>記者 | 数十人<br>専門家 |
| | 内容 | 多様 | 少し限定 | 少し限定 | 少し限定 | 経済専門 |
| 分析手法 | 分析するテキストの期間 | 直近24 時間 | 直近24 時間 | 最新記事 | 直近10 日間 | 直近<br>1 ヵ月間 |
| | 特徴の定義 | 手動 | 自動 | 手動 | 自動 | 自動 |
| | 処理 | 単語の<br>頻度集計 | 感情分析 | 単語の<br>頻度集計 | 構文解析 | 単語の<br>頻度集計 |
| 予測対象となる市場 | 価格の更新頻度 | 日次 | 日次 | 分次 | 日次 | 月次 |
| | 予測対象 | 市場平均 | 個別銘柄 | 個別銘柄 | 個別銘柄 | 市場平均・国債 |
| | 予測時間 | 1 日先 | 1 日先 | 20 分先 | 1 日～<br>2 ヵ月先 | 約2 週間先 |

　もちろん，テキスト情報だけで市場変動を予測するのではなく，従来の経済分析で用いられてきた数値データの時系列分析を併用することもあります。金融テキスト分析の詳細については，和泉他（2021）や和泉他（2022）に詳しく書かれています。

---

[※ 130] 本書の用語と統一するために，表中の用語を一部変更しています。

# スクレイピングによる特徴語抽出

## 9.1　スクレイピングによるデータ収集

　現在, インターネット上には, 多種多様なデータが存在しています。そして, インターネット上で膨大なデータが生成され続けています。データ分析者にとって, インターネット上のビッグデータは, まさに「宝の山」と言えるでしょう。

　インターネット上のテキストデータには, ニュース記事, 学術論文, 商品やサービスのクチコミ, SNS への投稿など, 様々なものがあります。たとえば, Wikipedia は, 誰でも自由に編集できるインターネット上の百科事典で, 本書執筆時点では, 326 の言語で書かれた約5800 万以上の記事が存在します[131]。しかし, 大量のテキストデータを手作業で収集するのは困難であるため, データ収集をプログラムで自動化します。データの自動収集にあたっては, 任意のウェブサイトから情報を抜き出すスクレイピングなどの技術が用いられます。

　本章では, スクレイピングの技術を用いて, Wikipedia のテキストを取得し, 記事ごとの特徴語を抽出します。具体的には, R と Python についての記事で使われている単語を統計的に比較し, それぞれの記事を特徴づけている単語を特定します。本章で紹介する技術や分析の視点は, オンライン掲示板におけるクチコミの分析, 商品の売り上げランキングの取得, 企業ウェブサイトの比較から見る経営方針の比較などに応用することが可能です。なお, 本章は, インターネットから収集した実データを分析するため, 他の章よりも発展的な処理を含みます。

---

※ **131** https://ja.wikipedia.org/wiki/Wikipedia: 全言語版の統計

第 9 章　スクレイピングによる特徴語抽出

## 9.2　分析データ

　本章の分析データは，R についてのWikipedia の記事[※ 132] とPython についての Wikipedia の記事[※ 133] です（図 **9.1**，図 **9.2**）。なお，ここで紹介する分析結果は，本書執筆時におけるWikipedia のテキストを用いたものです。Wikipedia の記事は随時更新されるため，分析する時期によって，抽出されるテキストが異なる可能性があります。

**図9.1　R についてのWikipedia の記事**

※ **132**　https://ja.wikipedia.org/wiki/R%E8%A8%80%E8%AA%9E
※ **133**　https://ja.wikipedia.org/wiki/Python

**図9.2 Python についてのWikipedia の記事**

　まずは，スクレイピングの技術を用いて，R の記事を入手しましょう。R でスクレイピングを行う方法はいくつかありますが，ここでは，rvest パッケージ[134]を使います。具体的には，HTML ファイルの取得に read_html 関数，本文の抽出に html_nodes 関数と html_text 関数を用います[135]。なお，以下のコードでは，前処理として，ASCII 文字（半角の英数字記号など）を一括削除しています。パイプ演算子を使った長めの処理が多いため，少し多めにコメントをつけています。

```
> # パッケージのインストール（初回のみ）
> install.packages("rvest", dependencies = TRUE)
> # パッケージの読み込み
> library("rvest")
> library("tidyverse")
> # RについてのWikipediaの記事をスクレイピング
> wiki.R <- read_html("https://ja.wikipedia.org/wiki/
R%E8%A8%80%E8%AA%9E") %>%   # HTMLファイルを取得(URLを直接指定)
>   html_nodes(., xpath = "//p") %>%   # 本文を抽出（引数path
```

※ **134** https://CRAN.R-project.org/package=rvest
※ **135** HTML については，本章末尾のコラム「HTML」も参照してください。

第9章　スクレイピングによる特徴語抽出

```
で指定した部分，すなわちpタグで囲まれた文字列のみを抽出)
>    html_text() %>%
>    str_replace_all(., "\\p{ASCII}", "")   # ASCII文字を削除
> # 空行を削除
> not.blank.R <- which(wiki.R != "")
> wiki.R.2 <- wiki.R[not.blank.R]
> # テキストの冒頭を確認
> head(wiki.R.2)
[1] "ログアウトした編集者のページもっと詳しく
[2] "目次サイドバーに移動非表示"
[3] "言語（アールげんご）はオープンソース・フリーソフトウェアの統計解析
向けのプログラミング言語及びその開発実行環境である。ファイル名拡張子は。"
[4] "言語はニュージーランドのオークランド大学のとにより作られた。現在で
は注によりメンテナンスと拡張がなされている。"
[5] "言語のソースコードは主に言語、、そしてによって開発された。"
[6] "なお、言語の仕様を実装した処理系の呼称名はプロジェクトを支援するフ
リーソフトウェア財団によれば『』であるが、他の実装形態が存在しないために
日本語での慣用的呼称に倣って、当記事では、仕様・実装を纏めて適宜に言語や
単に等と呼ぶ。"
```

　上記の抽出したテキストを見ると，最初の2文（「ログアウトした編集者のページもっと詳しく」と「目次サイドバーに移動非表示」）は記事の内容ではないため，ここでは削除します。

```
> # テキストの最初の2文を削除
> wiki.R.3 <- wiki.R.2[-1 : -2]
> # テキストの冒頭を確認
> head(wiki.R.3)
 (省略)
```

　次に，RMeCab パッケージの RMeCabFreq 関数を用いて，抽出したテキストに形態素解析を行い，単語の頻度を集計します※136。

```
> library("RMeCab")
> tmp.R <- tempfile()   # 一時ファイルを作成
> write(wiki.R.3, file = tmp.R)   # 一時ファイルにテキストを書
き出し
```

---

※136 RMeCabFreq 関数の結果としてデフォルトで表示される単語の順番や数は，OS の種類や MeCab のバージョンによって異なることがあります。

```
> RMC.R <- RMeCabFreq(tmp.R)   # テキストを形態素解析し，単語の
頻度を集計
> # 集計結果の冒頭を確認
> head(RMC.R)
        Term   Info1  Info2  Freq
1    あらかじめ   副詞    一般    2
2    いわば     副詞    一般    1
3    そのうち    副詞    一般    1
4    そのまま    副詞    一般    1
5    はや      副詞    一般    1
6    もう      副詞    一般    1
```

続いて，単語の集計結果から頻度2以上の名詞（一般，サ変接続，固有名詞）を抜き出します[137]。

```
> # 集計結果から名詞を抽出
> noun.R <- filter(RMC.R, Freq >= 2) %>%   # 頻度2以上の単
語を抽出
>   filter(., Info1 == "名詞") %>%   # 名詞を抽出
>   filter(., Info2 == "一般" | Info2 == "サ変接続"| Info2
== "固有名詞") %>%   # 一般名詞，サ変接続名詞，固有名詞を抽出
>   select(., -c(Info1, Info2))   # 品詞情報を削除
> # 抽出された名詞の数を確認
> nrow(noun.R)
[1] 210
> # 抽出された名詞のリストの冒頭を確認
> head(noun.R)
            Term   Freq
228      コメント     3
230     ダウンロード    3
231    プログラミング   4
232     プログラム     7
233      プロット     3
237        付随      2
```

Rの記事と同様に，Pythonの記事を取得し，頻度2以上の名詞（一般，サ変

---

[137] サ変接続の名詞とは，「する」という動詞と結びついてサ行変格活用の動詞となり得る
名詞のことです。たとえば，「終了」という名詞は，「終了する」という動詞になること
ができます。なお，MeCabでは，半角記号などがサ変接続の名詞とされてしまう問題
が報告されています。この問題については，インターネットで「サ変接続　記号　名詞
MeCab」などと検索してください。

第 9 章　スクレイピングによる特徴語抽出

接続，固有名詞）のみの頻度を集計します。こちらの記事に関しても，最初の 2
文を削除します。

```
> # PythonについてのWikipediaの記事をスクレイピング
> wiki.P <- read_html("https://ja.wikipedia.org/wiki/
Python") %>%
>    html_nodes(., xpath = "//p") %>%
>    html_text() %>%
>    str_replace_all(., "\\p{ASCII}", "")
> not.blank.P <- which(wiki.P != "")
> wiki.P.2 <- wiki.P[not.blank.P]
> # テキストの最初の2文を削除
> wiki.P.3 <- wiki.P.2[-1 : -2]
> # テキストの冒頭を確認
> head(wiki.P.3)
[1]  "（パイソン）はインタープリタ型の高水準汎用プログラミング言語であ
る。グイド・ヴァン・ロッサムにより創り出され、年に最初にリリースされたの
設計哲学は、有意なホワイトスペースオフサイドルールの顕著な使用によってコ
ードの可読性を重視している。その言語構成とオブジェクト指向のアプローチ
は、プログラマが小規模なプロジェクトから大規模なプロジェクトまで、明確で
論理的なコードを書くのを支援することを目的としている。"
[2]  "は動的に型付けされていて、ガベージコレクションされている。構造化
（特に手続き型）、オブジェクト指向、関数型プログラミングを含む複数のプログ
ラミングパラダイムをサポートしている。は、その包括的な標準ライブラリのた
め、しばしば「バッテリーを含む」言語と表現される†。"
[3]  "は年代後半に言語の後継として考案された。年にリリースされたでは、リ
スト内包表記や参照カウントによるガベージコレクションシステムなどの機能が
導入された。"
[4]  "年にリリースされたは、完全な下位互換性を持たない言語の大規模な改訂
である。このためのコードの多くは、ではそのままでは動作しない。"
[5]  "言語は年に正式に廃止され（当初は年予定）、はの最後のリリースであり、
したがっての最後のリリースであるとされている。これ以上のセキュリティパッ
チやその他の改善はリリースされない†。が終了したことで、サポートされるの
は以降のみとなる。"
[6]  "のインタプリタは多くのに対応している。プログラマーのグローバルコミ
ュニティは、無料のオープンソース†リファレンス実装であるを開発および保守
している。非営利団体であるソフトウェア財団は、との開発のためのリソースを
管理・指導している。"
> # 一時ファイルにテキストを書き出し
> tmp.P <- tempfile()
> write(wiki.P.3, file = tmp.P)
> # テキストを形態素解析し，単語の頻度を集計
> RMC.P <- RMeCabFreq(tmp.P)
```

```
> # 集計結果の冒頭を確認
> head(RMC.P)
        Term    Info1    Info2    Freq
1          と  フィラー       *      2
2    あらかじめ      副詞     一般      1
3      いつも      副詞     一般      1
4     きちんと      副詞     一般      1
5     しばしば      副詞     一般      2
6      すでに      副詞     一般      1
> # 頻度2以上の名詞（一般，サ変接続，固有名詞）のみを抽出
> noun.P <- filter(RMC.P, Freq >= 2) %>%
>   filter(., Info1 == "名詞") %>%
>   filter(., Info2 == "一般" | Info2 == "サ変接続" |
Info2 == "固有名詞") %>%
>   select(., -c(Info1, Info2))
> # 抽出された名詞の数を確認
> nrow(noun.P)
[1] 235
> # 抽出された名詞のリストの冒頭を確認
> head(noun.P)
          Term    Freq
182          †      2
184         †、      2
185         †。     10
189   インデント      7
190    オープン      3
191    カウント      3
```

**9**

## 9.3 特徴語抽出

　本節では，R と Python の記事で使われている名詞を統計的に比較し，それぞれの記事の特徴語を抽出します。具体的には，前節で集計されたすべての名詞に対してカイ 2 乗検定（第 5 章 5.4 節参照）を行い，検定統計量の大きい順に並べ替えます。そして，検定統計量（カイ 2 乗値）の大きい単語，つまり，2 つのテキストにおける頻度の差が大きい単語に注目することで，それぞれの記事を特徴づける単語を特定します[138]。

---

[138] このような特徴語抽出では，母集団の特性を推定するために検定を用いているのではなく，手許のデータを記述するために検定を使っています。したがって，通常の検定の手続きのような $p$ 値の計算は行いません。

第 9 章　スクレイピングによる特徴語抽出

　特徴語抽出を行うにあたって，full_join 関数を用いて，前節で作成した 2 つのデータフレーム（noun.R, noun.P）を結合します。

```
> # 2つのデータフレームを結合
> noun.df <- full_join(noun.R, noun.P, by = "Term", copy
= FALSE)
> # 欠損値（表中の空のセル）に0を代入
> noun.df[is.na(noun.df)] <- 0
> # 列ラベルを編集
> colnames(noun.df) <- c("Term", "R", "Python")
> # 同じラベルの行を集計
> noun.df <- group_by(noun.df, Term) %>%
>    summarise(R = sum(R), Python = sum(Python)) %>%
>    as.data.frame()
> # 集計結果の冒頭を確認
> head(noun.df)
      Term   R  Python
1        †   0       2
2       †、   0       2
3       †。   0      10
4     アウト   0       2
5   アスリート   0       4
6  アップデート   4       0
```

　上記の結果を見ると，リストの冒頭 3 行に不要な記号が含まれているため，削除します。こういった実データを処理する場合は，処理結果を確認し，必要に応じて不要な情報を削除していく必要があります。

```
> # リストの冒頭3行を削除
> noun.df <- noun.df[-1 : -3, ]
> # 削除した結果を確認
> head(noun.df)
 （省略）
```

　次に，それぞれの記事における名詞（頻度 2 以上の一般名詞，サ変接続名詞，固有名詞）の総語数を求めてから，個々の名詞のカイ 2 乗値を計算するための関数を定義します[139]。

---

※ 139　カイ 2 乗値を計算する関数は，石田・小林（2013）の関数を修正したものです。

```
# テキスト中の名詞の総語数を計算
> token <- colSums(noun.df[, -1])
> token
     R  Python
  1083    1056
> # 個々の名詞のカイ2乗値を計算するための関数を定義
> ChiCheck <- function(x){
>   tmp <- rbind(x, token - x)   # 総語数から単語の頻度を引く
>   tmp <- chisq.test(tmp)$statistic  # カイ2乗値を計算
>   names(tmp) <- rownames(x)  # 単語のラベルを付与
>   tmp
> }
```

続いて，上記の関数を使ってカイ 2 乗値を計算し，その値が大きい名詞を抽出します。

```
> # 警告を非表示に
> options(warn = -1)
> # すべての単語のカイ2乗値を計算
> chi <- apply(noun.df[, -1], 1, ChiCheck) %>%
>   data.frame()
> # 列ラベルを編集
> colnames(chi) <- "Chi"
> # 個々の単語の頻度を総語数で相対化
> noun.rel <- noun.df[, -1] / token
> # 単語のラベル，相対頻度，カイ2乗値を結合
> noun.rel.2 <- cbind(noun.df$Term, noun.rel, chi) %>%
>   arrange(., desc(Chi))  # カイ2乗値の大きい順に並べ替え
> # 列ラベルを編集
> colnames(noun.rel.2) <- c("Term", "R", "Python",
"Chi")
> # カイ2乗値の大きい単語のリストの冒頭を確認
> head(noun.rel.2)
      Term          R      Python       Chi
1      関数 0.07007576 0.00923361 47.54742
2    ベクトル 0.03977273 0.00000000 39.78280
3      要素 0.02216066 0.00000000 21.71188
4    スポーツ 0.00000000 0.01292705 12.48555
5      生成 0.01231061 0.00000000 10.84367
6      添字 0.01200369 0.00000000 10.84367
```

第 9 章　スクレイピングによる特徴語抽出

　上記の結果を見ると，カイ 2 乗値の大きい名詞の 1 ～ 3 位は，「関数」，「ベクトル」，「要素」で，いずれも R の記事で多く使われています。その一方で，4 位の「スポーツ」は，Python の記事で多く使われています。

　そして，カイ 2 乗値の大きい名詞（上位 10 語）を棒グラフで可視化します。以下のコードでは，10 個の棒グラフを個別に作るのではなく，for 関数による繰り返し処理を使っています[140]。図 9.3 は，その結果です。

```
> # 前処理
> x <- head(noun.rel.2, 10) %>%   # 上位10語を抽出
>     select(., -Chi) %>% # Chiの列を削除
>     column_to_rownames(., "Term")   # Termの列を行ラベルに
> # 行ラベルの取得
> variable.names <- rownames(x)
> # 描画エリアの設定（10個のグラフを2行×5列で配置）
> par(mfrow = c(2, 5))
> # 描画に用いるフォントを指定（macOSの場合）
> par(family= "HiraKakuProN-W3")
> # 描画
> for(i in 1 : 10)   # 上位10語のグラフをまとめて描く繰り返し処理
>     barplot(unlist(x[i, ]), main = variable.names[i],
ylab = "Freq.")
```

※ 140　for 関数による繰り返し処理を書かずに，ggplot2 パッケージの ggplot 関数で 10 枚のグラフをまとめて作成することもできます（小林, 2018）。なお，ここではカイ 2 乗値の大きい順に並べ替えた単語リストの冒頭 10 語を抽出していますが，厳密な分析を行う場合は，同率順位の単語を考慮する必要があります。

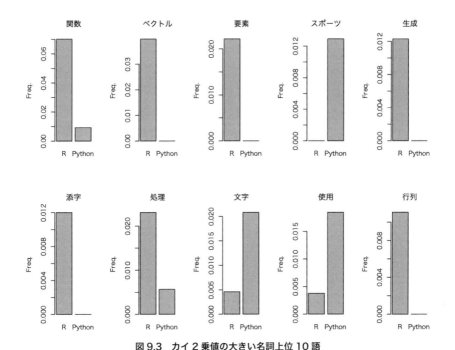

**図9.3 カイ2乗値の大きい名詞上位10語**

図 9.3 を見ると，たとえば，「関数」や「ベクトル」などの名詞が R の特徴語で，「スポーツ」や「文字」などの名詞が Python の特徴語であることがわかります。ただし，これは小さなサンプルデータに基づく分析例なので，より解釈しやすい結果を得るためには，もう少し大きなデータ同士を比較する必要があるでしょう。

## 9.4 用例検索

前節では，カイ2乗値の大きい名詞上位10語を抽出し，棒グラフで可視化しました。本節では，kwic.conc 関数を用いて，いくつかの特徴語の用例を確認します（この関数を使うには，第6章6.7節のコードを事前に実行する必要があります）。検索に使うテキストは，RMeCab パッケージの RMeCabText 関数で形態素解析し，その解析結果から分かち書きされた単語の情報を抜き出します。

```
> # 検索に使うテキストの準備
> # Rの記事を読み込み（ASCII文字を削除しない）
```

第9章　スクレイピングによる特徴語抽出

```
> wiki.R.2 <- read_html("https://ja.wikipedia.org/wiki/
R%E8%A8%80%E8%AA%9E") %>%
>    html_nodes(., xpath = "//p") %>%
>    html_text()
> tmp.R.2 <- tempfile()   # 一時ファイルへの書き出し
> write(wiki.R.2, file = tmp.R.2)
> vec.R <- RMeCabText(tmp.R.2) %>%   # 形態素解析
>    sapply(., "[[", 1) %>%   # 解析結果から分かち書きの情報だけ
を抽出
>    unlist()   # リストをベクトルに変換
> # Pythonの記事を読み込み（ASCII文字を削除しない）
> wiki.P.2 <- read_html("https://ja.wikipedia.org/wiki/
Python") %>%
>    html_nodes(., xpath = "//p") %>%
>    html_text()
> tmp.P.2 <- tempfile()   # 一時ファイルへの書き出し
> write(wiki.P.2, file = tmp.P.2)
> vec.P <- RMeCabText(tmp.P.2) %>%   # 形態素解析
>    sapply(., "[[", 1) %>%
>    unlist()
```

　まず，Rの記事における「ベクトル」と「添字」を検索してみましょう。Rに
はベクトルというデータの型が存在するため，「ベクトル」が特徴語となってい
ます。また，用例を確認すると，「添字」という特徴語も「ベクトル」と関わる
ものであることがわかります。

```
> # Rの記事における「ベクトル」の用例を検索
> kwic.conc(vec.R, "ベクトル", 5)
-------------------- 1 --------------------
R 言語 は 、「 ［ ベクトル ］ 処理 」 と 呼ば れる
-------------------- 2 --------------------
R 言語 で 言う 「 ［ ベクトル ］ 」 と は 数学 的
-------------------- 3 --------------------
は 数学 的 用語 の ［ ベクトル ］ と は やや 異なり 「
-------------------- 4 --------------------
から なる 数学 上 の ［ ベクトル ］ や 行列 は もちろん 、
-------------------- 5 --------------------
入れる こと が できる 。 ［ ベクトル ］ の 要素 が さらに テーブル
-------------------- 6 --------------------
も 、 関数 も 、 ［ ベクトル ］ を 扱う こと が できる
-------------------- 7 --------------------
```

```
。 ユーザー 定義 関数 を ［ ベクトル ］ 対応 に する ため の
-------------------- 8 --------------------
R の 関数 は 、［ ベクトル ］ の 全 要素 に 順に
-------------------- 9 --------------------
乱数 を a 個 作り ［ ベクトル ］ で 返す 関数 、『
-------------------- 10 --------------------
） 』は 引数 の ［ ベクトル ］ 要素 数 を 返す 関数
（省略）
> # Rの記事における「添字」の用例を検索
> kwic.conc(vec.R, "添字", 5)
-------------------- 1 --------------------
。 ベクトル は 「 論理 ［ 添字 ］ （ 元 の ベクトル と
-------------------- 2 --------------------
型 ベクトル を 用い た ［ 添字 ］ 指定 ）」 を 使う
-------------------- 3 --------------------
可能 に なる 。 論理 ［ 添字 ］ も 変数 に 付値 すれ
-------------------- 4 --------------------
化 する 。 R の ［ 添字 ］ で は 数値 ベクトル による
-------------------- 5 --------------------
数値 ベクトル による 「 数値 ［ 添字 ］ 」 も 利用 でき 、
-------------------- 6 --------------------
使える が 、「 論理 ［ 添字 ］ 」 の 場合 は 複数
-------------------- 7 --------------------
計算 できる ため 、 数値 ［ 添字 ］ だけ で は 難しい 複雑
-------------------- 8 --------------------
ず 明快 に 出来る 。 ［ 添字 ］ ベクトル x の 利用 は
-------------------- 9 --------------------
数 に 適宜 準じ 指定 ［ 添字 ］ 次元 だけ が 間引き 対象
-------------------- 10 --------------------
れる 。 以下 は 論理 ［ 添字 ］ 同士 の 論理 計算 を
（省略）
```

同様，Python の記事における「スポーツ」と「文字」の用例を検索します。そうすると，Python がプロスポーツの分析によく使われていることがわかります[141]。また，「文字」という特徴語が「文字列型」などの文脈で使われていることを確認できます。

```
> # Pythonの記事における「スポーツ」の用例を検索
> kwic.conc(vec.P, "スポーツ", 5)
```

---

※ **141** Wikipedia の記事に「スポーツパフォーマンス分析」という項があります。

```
-------------------- 1 --------------------
17 ]。 Python は プロ [ スポーツ ] の 分析 に よく 使わ
-------------------- 2 --------------------
実際 の データセット から の [ スポーツ ] 分析 は 、ベストセラー の
-------------------- 3 --------------------
だけ で なく 、ファンタジー [ スポーツ ] プレーヤー や オンライン ス
ポーツ ギャンブル
-------------------- 4 --------------------
ファンタジー スポーツ プレーヤー や オンライン [ スポーツ ] ギャンブル
の リビング ルーム で
-------------------- 5 --------------------
の リビング ルーム で も [ スポーツ ] 業界 に 革命 を もたらし
-------------------- 6 --------------------
て いる 。 実際 の [ スポーツ ] データ を 使用 した
-------------------- 7 --------------------
を 使用 した 予測 [ スポーツ ] 分析 の 原則 を 使用
-------------------- 8 --------------------
を 使用 して プロ [ スポーツ ] の 試合 結果 の 予測
-------------------- 9 --------------------
示す こと により 、プロ [ スポーツ ] の パフォーマンス 統計 の 分析
-------------------- 10 --------------------
[ 19 ][ 20 ]。 [ スポーツ ] 分析 に は 、トレーニング
（省略）
> # Pythonの記事における「文字」の用例を検索
> kwic.conc(vec.P, "文字", 5)
-------------------- 1 --------------------
型 ・ 複素数 型 ・ [ 文字 ] 列 型 ・ Unicode 文字
-------------------- 2 --------------------
文字 列 型 ・ Unicode [ 文字 ] 列 型 ・ 論理 型
-------------------- 3 --------------------
され 、従来 の [ 文字 ] 列 型 と Unicode 文字
-------------------- 4 --------------------
文字 列 型 と Unicode [ 文字 ] 列 型 に 代わり 、
-------------------- 5 --------------------
、バイト 列 型 と [ 文字 ] 列 型 が 導入 さ
-------------------- 6 --------------------
: この 関数 は 、[ 文字 ] 列 型 の name という
-------------------- 7 --------------------
変数 を 受け取って 、[ 文字 ] 列 型 の 戻り 値
-------------------- 8 --------------------
1 バイト 単位 で の [ 文字 ] 列 型 のみ 扱い 、
-------------------- 9 --------------------
の ような マルチ バイト [ 文字 ] を サポート して い
-------------------- 10 --------------------
```

```
. 0 から は Unicode [ 文字 ] 型 が 新た に 導入
（省略）
```

　本章では，スクレイピングで収集したテキストデータを分析しました。インターネット上から取得したデータの取扱いに際しては，著作権に配慮しなければなりません。また，スクレイピングによるデータ取得を明示的に禁止しているウェブサイトも存在します。そして，スクレイピングで大量のデータを取得する場合は，アクセスの頻度にも注意する必要があります。アクセスの頻度に明確な基準がある訳ではありませんが，最低でも1秒以上空けるようにしましょう[※142]。

### Column … HTML

　HTMLは，ウェブページを作成するための言語の1つです。HTMLでは，見出しや本文，図表やリンクといったページを構成する様々な要素がタグで定義されています。**図 9.4** は，HTMLに関するWikipediaの記事（本書執筆時点）からの引用です。この図には，様々なHTMLタグが含まれています。たとえば，<h1></h1> が見出し，<p></p> が本文，<a></a> が他のページへのリンクを表しています。

---

※ 142　極めて短時間で繰り返されるアクセスが相手のサーバに大きな負荷をかけ，相手のシステムに支障を生じさせた場合，業務妨害罪を問われる可能性があります。

第9章　スクレイピングによる特徴語抽出

```
<!DOCTYPE html>
<html lang="ja">
 <head>
  <meta charset="UTF-8">
  <link rel="author" href="mailto:mail@example.com">
  <title lang="en">HyperText Markup Language - Wikipedia</title>
 </head>
 <body>
  <article>
   <h1 lang="en">HyperText Markup Language</h1>
   <p>HTMLは、<a href="http://ja.wikipedia.org/wiki/SGML">SGML</a>
   アプリケーションの一つで、ハイパーテキストを利用してワールド
   ワイドウェブ上で情報を発信するために作られ、
   ワールドワイドウェブの<strong>基幹的役割</strong>をなしている。
   情報を発信するための文書構造を定義するために使われ、
   ある程度機械が理解可能な言語で、
   写真の埋め込みや、フォームの作成、
   ハイパーテキストによるHTML間の連携が可能である。</p>
  </article>
 </body>
</html>
```

図 9.4　HTML の例※ 143

　このような HTML で書かれたファイルをソースと呼びます。そして，Chrome でウェブページを開いている場合は，メニューバーの「表示」から「開発 / 管理」を選び，「ソースを表示」を選択することで，いま見ているページのソースを確認することができます（図 **9.5**）。

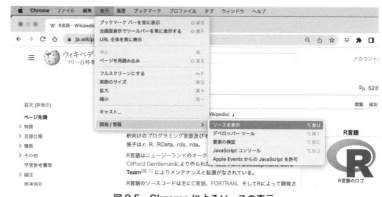

図 9.5　Chrome によるソースの表示

　スクレイピングに関する HTML の基本に関しては，石田他（2017）などを参照してください。

---

※ **143** https://ja.wikipedia.org/wiki/HyperText_Markup_Language

# 警察白書のトピック分析

## 10.1 白書から見る現代社会の諸相

　我が国の政治・経済・社会の実態および政府の施策の現状について国民に周知させる目的で，様々な白書が中央省庁から販売もしくは頒布されています[※144]。経済財政白書，交通安全白書，警察白書，消費者白書，犯罪白書，科学技術白書，環境白書，防衛白書など，各省庁から発刊されている白書の種類は多岐にわたり，それらを読むことで現代の日本社会に関する膨大かつ多様な情報にアクセスすることができます。つまり，白書のデータを解析することで，現代社会の諸相を通時的・共時的に分析することが可能になります。

　社会科学の分野を中心に，新聞報道を対象とするテキスト分析を行った研究事例は多く存在します（小川・小林, 2017; 倉田, 2015; 藏本他, 2013; 二宮他, 2016; 山田, 2017）。実際，新聞報道の分析は，各新聞社の外交問題や政治報道に対するスタンスを比較する場合に有効です。しかしながら，現代社会の実態を知るという目的では，新聞社ごとに政治的・社会的スタンスが異なるために，必ずしも有効ではない可能性があります。

　それに対して，政府刊行物である白書は，書き手の政治的・社会的スタンスが比較的均一であり，現代社会の諸相を客観的に分析したい場合に，有効な研究資料となるでしょう。そこで本章では，警察庁が発行している**警察白書**を例に，白書のトピック分析を行います。具体的には，**トピックモデル**という手法で白書に含まれるトピックを推定し，テキスト中のトピック比率に基づいて白書のグループ化（クラスタリング）を行います。本章で紹介する分析手法は，新聞記事やTwitter のようなテキストデータの分析にも応用することが可能です。なお，本

---

[※144] 中央省庁が発行する白書や年次報告書は，電子政府の総合窓口 e-Gov（http://www.e-gov.go.jp/link/white_papers.html）や内閣府のウェブサイト（https://www.cao.go.jp/whitepaper/）などから無償で閲覧することができます。

章と次章の活用事例は，統計や機械学習の手法を使った発展的なものとなっています。

## 10.2　分析データ

　本章の分析データは，平成 20 年版から平成 29 年版までの警察白書における「特集に当たって」という文章です。警察白書の構成は毎年ほぼ同じで，その年の特集記事の冒頭に「特集に当たって」という文章が掲載されています[※ 145]。**表 10.1** は，平成 20 年版から平成 29 年版までの警察白書の特集をまとめたものです。

**表 10.1　警察白書の特集**

| 版 | 特集 |
|---|---|
| 平成 20 年版 | 変革を続ける刑事警察 |
| 平成 21 年版 | 日常生活を脅かす犯罪への取組み |
| 平成 22 年版 | 犯罪のグローバル化と警察の取組み |
| 平成 23 年版 | 東日本大震災と警察活動<br>安全・安心で責任あるサイバー市民社会の実現を目指して |
| 平成 24 年版 | 大規模災害と警察〜震災の教訓を踏まえた危機管理体制の再構築〜 |
| 平成 25 年版 | サイバー空間の脅威への対処<br>子供・女性・高齢者と警察活動 |
| 平成 26 年版 | 変容する捜査環境と警察の取組 |
| 平成 27 年版 | 組織犯罪対策の歩みと展望 |
| 平成 28 年版 | 国際テロ対策 |
| 平成 29 年版 | 交通安全対策の歩みと展望 |

　まずは，警察白書のデータを R に読み込みます。本書付属データに含まれている「Keisatsu」フォルダを作業ディレクトリに丸ごとコピーしてください。そのあと，RMeCab パッケージの docDF 関数を用いて，複数ファイルに対して形態素解析を実行します[※ 146]。

---

[※ 145] 平成 23 年版には，「特集に当たって」というセクションがありませんでした。この版については，例外的に，2 つの特集の序文を分析対象としました。
[※ 146] docDF 関数の結果としてデフォルトで表示される単語の順番や数は，OS の種類や MeCab のバージョンによって異なることがあります。

```
> # パッケージの読み込み
> library("RMeCab")
> # 複数ファイルを形態素解析し，頻度集計
> docDF.result <- docDF("Keisatsu", type = 1)
file_name =  Keisatsu/Keisatsu_H20.txt opened
file_name =  Keisatsu/Keisatsu_H21.txt opened
file_name =  Keisatsu/Keisatsu_H22.txt opened
file_name =  Keisatsu/Keisatsu_H23.txt opened
file_name =  Keisatsu/Keisatsu_H24.txt opened
file_name =  Keisatsu/Keisatsu_H25.txt opened
file_name =  Keisatsu/Keisatsu_H26.txt opened
file_name =  Keisatsu/Keisatsu_H27.txt opened
file_name =  Keisatsu/Keisatsu_H28.txt opened
file_name =  Keisatsu/Keisatsu_H29.txt opened
number of extracted terms = 1150
now making a data frame. wait a while!
> # 頻度集計結果の冒頭を確認
> head(docDF.result)
  TERM POS1     POS2  Keisatsu_H20.txt  Keisatsu_H21.txt
1    ,   名詞   サ変接続               0                 0
2  000  名詞     数               0                 0
3  019  名詞     数               0                 0
4    1  名詞     数               1                 1
5   10  名詞     数               0                 0
6   11  名詞     数               0                 0
  Keisatsu_H22.txt  Keisatsu_H23.txt  Keisatsu_H24.txt
1               0                 0                 2
2               0                 0                 0
3               0                 0                 1
4               1                 0                 2
5               0                 0                 0
6               0                 0                 2
  Keisatsu_H25.txt  Keisatsu_H26.txt  Keisatsu_H27.txt
1               2                 0                 0
2               0                 0                 0
3               0                 0                 0
4               2                 0                 1
5               0                 0                 0
6               0                 0                 0
  Keisatsu_H28.txt  Keisatsu_H29.txt
1               1                 1
2               1                 0
3               0                 0
```

**10**

第10章 警察白書のトピック分析

```
4                  2                      2
5                  0                      1
6                  2                      0
```

　次に，10 ファイルから単語の頻度を集計した結果から，品詞が名詞（一般）
の単語のみを抽出します。白書は他の書き言葉のジャンル（新聞，雑誌，書籍な
ど）よりもテキスト中の名詞の比率が高いため（冨士池他, 2011），名詞の頻度
を用いたトピック分析が有効となります。

```
> # パッケージの読み込み
> library("tidyverse")
> # 名詞（一般）のみを抽出
> docDF.result.2 <- filter(docDF.result, POS1 == "名詞")
%>%
>    filter(., POS2 == "一般") %>%
>    select(-c(POS1, POS2)) %>%
>    data.frame(row.names = 1)
> # 名詞（一般）のみを抽出した結果の冒頭を確認
> head(docDF.result.2)
     Keisatsu_H20.txt    Keisatsu_H21.txt    Keisatsu_H22.txt
I                   0                   0                      0
II                  0                   0                      0
PDCA                0                   0                      0
いじめ              0                   0                      0
かけがえ            0                   1                      0
やりがい            1                   0                      0
     Keisatsu_H23.txt    Keisatsu_H24.txt    Keisatsu_H25.txt
I                   1                   0                      0
II                  1                   0                      0
PDCA                0                   0                      0
いじめ              0                   0                      1
かけがえ            0                   0                      0
やりがい            0                   0                      0
     Keisatsu_H26.txt    Keisatsu_H27.txt    Keisatsu_H28.txt
I                   0                   0                      0
II                  0                   0                      0
PDCA                0                   0                      0
いじめ              0                   0                      0
かけがえ            0                   0                      0
やりがい            0                   0                      0
     Keisatsu_H29.txt
```

```
I                    0
II                   0
PDCA                 1
いじめ                0
かけがえ              0
やりがい              0
```

続いて，tm パッケージ[147] の DocumentTermMatrix 関数を用いて，データのクラスを DocumentTermMatrix（文書ターム行列）に変換します。

```
> # パッケージのインストール（初回のみ）
> install.packages("tm", dependencies = TRUE)
> # パッケージの読み込み
> library("tm")
> # データのクラスとDocumentTermMatrixに変換
> dtm <- t(docDF.result.2) %>%   # データを転置
>   as.DocumentTermMatrix(weighting = weightTf)   # データのクラスを変換
> # 変換したデータのクラスを確認
> class(dtm)
[1] "DocumentTermMatrix"    "simple_triplet_matrix"
> # 変換したデータの概要を確認
> inspect(dtm)
<<DocumentTermMatrix (documents: 10, terms: 350)>>
Non-/sparse entries: 654/2846
Sparsity          : 81%
Maximal term length: 12
Weighting          : term frequency (tf)
Sample            :
                Terms
Docs            サイバー  テロ  空間  警察  交通  国民  社会  取組  情勢  犯罪
  Keisatsu_H20.txt    0     0     0    15     0     4     3     0     2     7
  Keisatsu_H21.txt    0     0     0     4     0     6     3     0     2    11
  Keisatsu_H22.txt    0     0     0     8     0     2     0     0     2    23
  Keisatsu_H23.txt   19     0    12    11     1     2     7     5     1     9
  Keisatsu_H24.txt    0     0     0     9     1     1     0     3     0     0
  Keisatsu_H25.txt   10     0    10     9     0     6     3     5     3     6
  Keisatsu_H26.txt    0     0     0    18     0     5     3     3     5     6
  Keisatsu_H27.txt    0     0     0     6     0     1     4     4     4    25
  Keisatsu_H28.txt    0    25     1     8     0     3     1     3     1     0
  Keisatsu_H29.txt    0     0     0     6    36     5     4     4     2     0
```

**10**

---

※ 147 https://CRAN.R-project.org/package=tm

## 10.3　トピックモデル

　分析データの準備ができたら，トピックモデルを実行します。トピックモデルとは，テキストに含まれるトピックを推定する手法です。トピックモデルにも様々な種類がありますが，ここでは，**潜在的ディリクレ配分法**（LDA）を用います。LDA では，「それぞれのテキストを特徴づける複数のトピック」と「それぞれのトピックを特徴づける複数の単語」を推定します[148]。LDA は，アンケートの自由記述や商品のクチコミを分析するときなど，分析データをどのようなカテゴリーに分ければよいかがわからないときに有効です（黒橋・柴田, 2016）。

　R で LDA を実行するにあたっては，`topicmodels` パッケージ[149]の LDA 関数を用います。LDA 関数を適用するデータは，クラスが DocumentTermMatrix の形式である必要があることに注意してください。

```
> # パッケージのインストール（初回のみ）
> install.packages("topicmodels", dependencies = TRUE)
> # パッケージの読み込み
> library("topicmodels")
> # トピックの数を指定
> k = 4
> # LDAを実行
> lda.result <- LDA(dtm, k)
```

　LDA の実行結果を確認してみましょう（LDA では計算過程に乱数が用いられているため，実行するたびに結果が若干異なります）。まず，terms 関数を使って，それぞれのトピックを特徴づける単語を抽出します。

```
> # それぞれのトピックを特徴づける単語を抽出（上位5語）
> terms(lda.result, 5)
         Topic 1    Topic 2    Topic 3    Topic 4
[1,] "犯罪"        "警察"      "交通"      "犯罪"
```

[148] 原則として，分析の対象とするテキストがいくつのトピックから成り立っていると仮定するかは分析者が決めなければなりません。ただ，階層ディリクレ過程という手法を用いて，トピックの数を統計的に推定する方法も提案されています（岩田, 2015）。LDA の詳細については，岩田（2015）や佐藤（2015）などを参照してください。

[149] https://CRAN.R-project.org/package=topicmodels

```
[2,]  "警察"          "テロ"      "事故"      "警察"
[3,]  "災害"          "国民"      "警察"      "国民"
[4,]  "サイバー "     "犯罪"      "国民"    "グローバル"
[5,]  "取組"          "取組"      "取組"      "刑事"
```

　これらの単語がどんなトピックを表しているかは，分析者が解釈しなければなりません。上記の結果を見る限り，Topic 1 は「サイバー」，Topic 2 は「テロ」，Topic 3 は「交通」「事故」，Topic 4 は「グローバル」に関するものであると思われます[150]。また，分析データが警察白書であることを考えれば，「警察」や「犯罪」という単語が多くのトピックに含まれているのは当然と言えるでしょう。

　そして，posterior 関数を使うと，各トピックに各単語が出現する確率（事後生起確率）と，各テキストにおける各トピックの比率を確認することができます。

```
> # 各トピックに各単語が出現する確率（事後生起確率）を確認（上位10語）
> posterior(lda.result)[[1]][, 1 : 10]
                  I              II           PDCA          いじめ
1    2.331002e-03    2.331002e-03    8.568938e-126    3.263008e-120
2    8.691594e-122   5.969119e-122   1.136644e-127    2.386635e-03
3    3.690502e-114   5.644281e-114   7.299270e-03     3.057200e-116
4    5.090639e-121   8.359972e-121   7.453394e-125    8.088221e-122
            かけがえ          やりがい        インターネット
1    2.074370e-119   4.165532e-121    9.324009e-03
2    1.034150e-119   3.995109e-118    2.386635e-03
3    1.013357e-114   2.915888e-115    4.099160e-108
4    2.793296e-03    2.793296e-03     5.586592e-03
   インターネットバンキング        インフラ        ウェブサイト
1       1.761071e-119   2.331002e-03    1.468379e-120
2       4.773270e-03    2.386635e-03    2.386635e-03
3       1.275222e-115   4.227061e-110   2.808955e-116
4       6.948915e-121   2.793296e-03    1.043673e-120
> # 各テキストにおける各トピックの比率を確認
> posterior(lda.result)[[2]]
                              1              2              3
Keisatsu_H20.txt   0.0001804409   0.0001804409   0.0001804409
Keisatsu_H21.txt   0.0001961953   0.0001961953   0.0001961953
```

----

[150]　分析データの量や質によっては，LDA の実行結果の解釈が難しいことがあります。また，特定のトピックだけが解釈できないこともあり得ます。本来，LDA は，本章のサンプルデータよりも大規模なデータを分析する手法です。

```
Keisatsu_H22.txt  0.0001413465  0.0001413465  0.0001413465
Keisatsu_H23.txt  0.9996494590  0.0001168470  0.0001168470
Keisatsu_H24.txt  0.9995030185  0.0001656605  0.0001656605
Keisatsu_H25.txt  0.0001232562  0.9996302315  0.0001232562
Keisatsu_H26.txt  0.0001656605  0.9995030185  0.0001656605
Keisatsu_H27.txt  0.9995474974  0.0001508342  0.0001508342
Keisatsu_H28.txt  0.0001519676  0.9995440972  0.0001519676
Keisatsu_H29.txt  0.0001475332  0.0001475332  0.9995574004
                             4
Keisatsu_H20.txt  0.9994586772
Keisatsu_H21.txt  0.9994114142
Keisatsu_H22.txt  0.9995759605
Keisatsu_H23.txt  0.0001168470
Keisatsu_H24.txt  0.0001656605
Keisatsu_H25.txt  0.0001232562
Keisatsu_H26.txt  0.0001656605
Keisatsu_H27.txt  0.0001508342
Keisatsu_H28.txt  0.0001519676
Keisatsu_H29.txt  0.0001475332
```

　各テキストにおける各トピックの比率を数値で見てもわかりにくいため，ヒートマップで可視化します（**図 10.1**）。このヒートマップでは，他のテキストよりも比率の大きいトピックが濃い色で表されています。そして，Topic 1（サイバー）が平成 23 〜 24 年と平成 27 年の白書に含まれていること，Topic 2（テロ）が平成 25 〜 26 年と平成 28 年に含まれていること，Topic 3（交通事故）が平成 29 年に含まれていること，Topic 4（グローバル）が平成 20 〜 22 年に含まれていることがわかります。このようなトピックの分布を概観することで，その年に話題になっていた事故や犯罪などを窺い知ることができます。

```
> # 各トピックの比率をヒートマップで可視化
> heatmap(posterior(lda.result)[[2]], Rowv = NA, Colv =
NA)
```

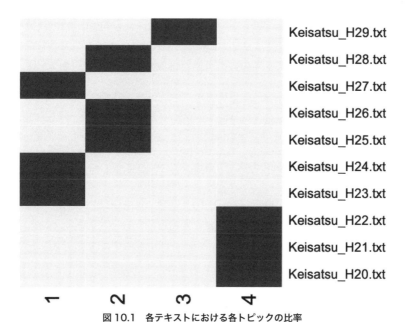

**図10.1　各テキストにおける各トピックの比率**

## 10.4　階層型クラスター分析

　最後に，各テキストにおける各トピックの比率のデータを使って，10年分の白書をグループ化（クラスタリング）します。クラスタリングには，**階層型クラスター分析**を用います。階層型クラスター分析は，個々のデータの非類似度を「距離」として表現し，距離の近いデータ同士をまとめてクラスター（グループ）を作っていく手法です（Anderberg, 1973）。具体的には，各データが未分類の状態から少数のクラスターを次々と形成していき，最終的にはすべてのデータを含む大きなクラスターを形成します。

　階層型クラスター分析を実行するにあたっては

(1)　どのような距離でデータ間の非類似度を測るか（データ間の距離の計算方法）
(2)　どのようにクラスターを作るか（クラスター間の距離の計算方法）

の2つを指定する必要があります。本書では，前者の計算に dist 関数，後者の

**10**

計算に hclust 関数を用います。これらの関数では，引数 method で様々な計算方法を指定することができます。以下の分析では，データ間の距離としてはキャンベラ距離を使い，クラスター作成の方法にはウォード法を使います[※ 151]。

```
> # 階層型クラスター分析
> posterior(lda.result)[[2]] %>%
>   dist(., method = "canberra") %>%   # キャンベラ距離
>   hclust(., method = "ward.D2") %>%   # ウォード法
>   plot()   # 樹形図の形式で可視化
```

　階層型クラスター分析の結果は，**図 10.2** のような**樹形図**で可視化されます。樹形図において，2 つのテキストの距離（非類似度）は，それらのテキストを結ぶ線の長さと対応しています。つまり，各トピックの比率という観点では，一番右側の Keisatsu_H28.txt と最も類似したテキストが隣の Keisatsu_H26.txt で，その次に類似しているのが Keisatsu_H25.txt となります。また，図中の左側に位置する 3 つのテキスト（Keisatsu_H20.txt, Keisatsu_H21.txt, Keisatsu_H22.txt）は Keisatsu_H28.txt との類似度が低いということになります。どの程度の類似度を持つテキストを同じクラスターとするかという絶対的な基準は存在しませんが，図 10.2 では

(1)　Keisatsu_H20.txt,　Keisatsu_H21.txt,　Keisatsu_H22.txt

(2)　Keisatsu_H23.txt,　Keisatsu_H24.txt,　Keisatsu_H27.txt

(3)　Keisatsu_H25.txt,　Keisatsu_H26.txt,　Keisatsu_H28.txt,
　　　Keisatsu_H29.txt

という 3 つのクラスターが存在しているように見えます。比較的近い年の白書が同じクラスターに含まれているため，各年の白書の内容はそれぞれの年の世相を反映していると言えるでしょう。

---

※ 151　ウォード法にはユークリッド距離を用いるのが基本ですが（Romesburg, 1973），計量文献学の分野ではキャンベラ距離とウォード法の組み合わせを用いることもあります（金, 2009）。

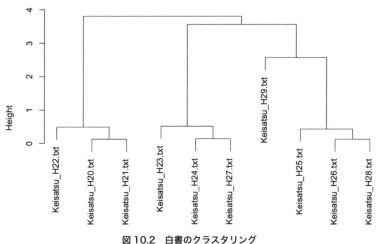

図 10.2 白書のクラスタリング

本章では，トピックモデルで白書に含まれるトピックを推定し，その推定結果を用いて白書をクラスタリングしました。トピックモデルは，白書のみならず，様々なタイプのテキストの分析に適用することが可能で，マーケティングの分野でも注目されています（佐藤, 2017）。また，時間情報を考慮した時系列トピックモデルも関心を集めており，インターネット上のニュース記事や SNS におけるバースト現象（特定の話題に関して短時間に大量の投稿が行われること）の解析などに応用されています（高橋他, 2012）。

### Column … 犯罪捜査におけるテキスト分析

テキストアナリティクスの技術は，警察などの犯罪捜査でも活用されています。たとえば，手書きではなく，ワープロソフトで作成された印刷文書，インターネットを経由して送られてきた電子メールなどの場合，従来の筆跡鑑定が使えません。そこで，読点の打ち方，助詞や助動詞の頻度，品詞 $n$-gram の使用傾向に基づく機械学習の手法を用いることで，印刷文書や電子メールの書き手を推定します。このようなテキスト分析は，脅迫状や遺書の書き手の特定や電子メールを用いた被害者なりすまし事件の捜査などで効果を発揮します。

犯罪捜査にテキスト分析を用いた先駆的な事例として，1974 年にアメリカで起きたパトリシア・ハースト誘拐事件を挙げることができます。当初，パトリシアは誘拐事件の被害者だと思われていました。しかし，ある日，誘拐犯である左翼過激派テロ組織と「一緒に戦う道を選んだ」という彼女の肉声

のテープが放送局に届けられ，その数日後，サンフランシスコ郊外の銀行を襲撃するという事件を起こしました。逮捕後に争点となったのは，肉声のテープと，その後に公表されたテロ組織のメンバーとパトリシア自身によって語られた声明文の作成に彼女自身が関与していたかどうかという点です。つまり，彼女の犯罪行為が自発的なものなのか，テロ組織によって強制されたものなのかが大きな問題となったのです。これに対して，パトリシアの弁護士は，テープの肉声の原文や彼女自身の文章などを統計的に分析し，99% 以上の確率でパトリシアがテープの原文の作成者ではないと主張しました。結局，裁判官は言語分析の有効性を認めず，パトリシアは有罪判決を受けました。しかし，この事件が犯罪捜査にテキスト分析の応用を試みた画期的な例であることに間違いありません。

　テキスト分析が実際の事件解決に寄与した事例としては，2001 年に東京都台東区で起きた轢き逃げ事件があります。初めはよくある轢き逃げ事件だと思われていましたが，捜査を進めていく過程で，警察は犯行現場の状況に違和感を覚えました。そのようなとき，ある運送会社の車が被害者を轢くのを目撃したという手紙と，「犯人は私です。（中略）この手紙が警察に届くころには，私は東京をはるか遠く離れた，誰にも発見できない場所で，自分自身を『ひき逃げ殺人犯の犯人』として，自分自身を処罰します。」（原文ママ）（村上，2004）という手紙が立て続けに届きました。さらなる捜査の結果，被害者には多額の保険金がかけられており，被害者の兄が執拗に保険金の支払いを請求していたことが判明します。そこで警察は，この兄が犯人である可能性に注目し，前述の 2 通の手紙や兄の文章などを統計的に比較しました。そして，兄が事件の犯人であり，2 通の手紙の執筆者でもあると結論づけました。その後，この分析結果を告げられた兄が犯行を認め，事件は無事解決しました。

　これらの 2 つの事例は，テキストアナリティクスが学術研究やビジネスとは全く異なる点からも社会に大きな貢献ができることを示している点で，非常に重要なものです。犯罪捜査におけるテキスト分析については，財津（2019）などに詳しく書かれています。

## 11.1　文体識別指標を用いた著者推定

　文学作品，哲学書，宗教書，歴史書などのテキストの中には，著者が不明なものや真贋が問題となっているものが少なからず存在します。また，テキストの執筆年や執筆順序が問題となっている文献もあります。そのようなテキストに対して，計量文献学の研究者たちは，様々な統計手法を用いて，著者を推定しようと試みてきました（村上他, 2016）。著者推定をする際には，文章のどのような点に著者の言語的特徴が現れているかを知ることが重要になります。これまでの研究では，日本語の著者推定や執筆年代推定において，読点の打ち方，助詞や助動詞の頻度，品詞構成率，漢字と仮名の比率などが有効な文体識別指標であると報告されてきました。

　たとえば，安本（1958）は，『源氏物語』を「宇治十帖」とその他の 44 巻の 2 つに分けて，各巻のページ数，和歌の使用度，直喩の使用度，声喩の使用度，色彩語の使用度，1 ページあたりの心理描写の文数，文の長さ，名詞の使用度，用言の使用度，助詞の使用度，助動詞の使用度，品詞構成率という 12 項目に関する統計的比較を行い，「宇治十帖」の書き手が他の諸巻の書き手とは異なるという結論に達しました。

　また，村上（1994）は，文の長さ，品詞の出現率，品詞の接続関係，語彙量，単語の出現率を用いて，日蓮遺文の真贋判定を行いました。その結果，『三大秘法稟承事』と『日女御前御返事』の 2 編は真作である可能性が高く，『聖愚問答抄』，『生死一大事血脈抄』，『諸法実相抄』の 3 編は贋作の可能性が高いことを指摘しました。

　さらに，金他（1993）は，日本語の読点の打ち方に明確な基準がないことに注目し，井上靖，中島敦，三島由紀夫などのテキストにおける読点（,）とその

第 11 章　文学作品の著者推定

直前の 1 文字の組合せ（2-gram）の頻度を調査しました。そして，井上は「と，」の割合が高く，中島は「し，」が，また三島では「に，」や「を，」の頻度が多いと報告しました。この読点の打ち方から書き手の癖を発見するという方法は非常に画期的なもので，その後も多くの研究において，その方法論の有効性が実証されてきました（金, 1994; 孫・金, 2015; 劉・金, 2017）。

　本章でも，金他（1993）の方法にならい，読点と直前の文字の 2-gram を文体識別指標として，芥川龍之介と太宰治が書いたテキストの著者推定実験を行います。なお，言語的な特徴を変数としてテキストを自動分類する著者推定の手法は，スパムメールの自動判別，小論文の自動評価，犯行声明文や遺書の著者推定など，数多くのタスクに応用することができます。

## 11.2　分析データ

　本章の分析データは，芥川龍之介と太宰治によって書かれた合計 20 編のテキストです[152]。これらのテキストは，すべて青空文庫からダウンロードし，ファイル中の注記とルビを削除しました[153]。作品を選ぶにあたって，新字新仮名で入力されている散文を対象としました。

---

※ **152**　これらのテキストは石田・小林（2013）でも分析されています。しかし，石田・小林（2013）が集計済みの頻度表から統計処理をしているのに対して，本章ではテキストから頻度を集計するところから解説します。また，石田・小林（2013）では扱われていない統計手法や可視化を用います。

※ **153**　また，本章の著者推定実験に必須の処理ではありませんが，読点を「、」から「，」に一括置換しています。

表 11.1　芥川龍之介と太宰治による 20 編のテキスト

| 芥川龍之介 | 太宰治 |
|---|---|
| アグニの神 | ヴィヨンの妻 |
| 一夕話 | 姥捨 |
| 馬の脚 | お伽草紙 |
| 海のほとり | 狂言の神 |
| 河童 | 虚構の春 |
| 奇怪な再会 | グッド・バイ |
| 邪宗門 | 猿面冠者 |
| 杜子春 | 斜陽 |
| 藪の中 | 走れメロス |
| 羅生門 | パンドラの匣 |

　まず，表 11.1 のデータを R に読み込みます。本書付属データに含まれている「Authorship」フォルダを作業ディレクトリに丸ごとコピーしてください。そして，RMeCab パッケージの docNgram 関数を用いて，複数ファイルから文字 2-gram を集計します[154]。

```
> # パッケージの読み込み
> library("RMeCab")
> library("tidyverse")
> # 複数ファイルを形態素解析し，頻度集計
> docNgram.result <- docNgram("Authorship", type = 0,
N = 2) %>%   # 文字2-gramを集計
>   as.data.frame()   # データフレームに変換
（省略）
```

　次に，これまでに多くの著者推定実験で有効性が認められてきた読点の生起位置に関する情報を集計します。具体的には，20 編のテキストにおける 16 種類の文字（か，が，く，し，ず，て，で，と，に，は，ば，へ，も，ら，り，れ）と読点の 2-gram の頻度を分析に用います。

11

---

※ 154 docNgram 関数の結果としてデフォルトで表示される n-gram の順番や数は，OS の種類や MeCab のバージョンによって異なることがあります。

```
> # 16種類の文字と読点の2-gramの頻度を集計
> docNgram.result.2 <- docNgram.result[docNgram.
result$Ngram %in% c("[か-, ]", "[が-, ]", "[く-, ]",
"[し-, ]", "[ず-, ]", "[て-, ]", "[で-, ]", "[と-, ]",
"[に-, ]", "[は-, ]", "[ば-, ]", "[へ-, ]", "[も-, ]",
"[ら-, ]", "[り-, ]", "[れ-, ]"), ] %>%  # 文字と読点の2-gram
を集計
>   pivot_wider(., names_from = "Text", values_from  =
"Freq") %>%  # データ形式を変換
>   data.frame() %>%  # データフレームに変換
>   column_to_rownames(., "Ngram")  # Ngramの列を行ラベルに
> # 行ラベルを編集 ("[", "-", ", ", "]"を削除)
> rownames(docNgram.result.2) <-
str_replace_all(rownames(docNgram.result.2),
pattern = c("\\[" = "", "-" = "", ", " = "", "\\]" = ""))
> # 列ラベルを編集 (".txt"を削除)
> colnames(docNgram.result.2) <-
str_replace_all(colnames(docNgram.result.2),
pattern = ".txt", replacement = "")
> # データフレームを転置
> docNgram.result.3 <- t(docNgram.result.2)
> # 著者の情報を追加
> author = c(rep("芥川", 10), rep("太宰", 10))
> docNgram.result.4 <- data.frame(author,
docNgram.result.3)
> # 頻度表を確認
> docNgram.result.4
```

|  | author | か | が | く | し | ず | て |
|---|---|---|---|---|---|---|---|
| A_agunino_kami | 芥川 | 11 | 37 | 2 | 7 | 4 | 13 |
| A_issekiwa | 芥川 | 3 | 19 | 0 | 5 | 2 | 0 |
| A_jashumon | 芥川 | 33 | 299 | 33 | 18 | 12 | 288 |
| A_kappa | 芥川 | 29 | 47 | 5 | 22 | 7 | 4 |
| A_kikaina_saikai | 芥川 | 20 | 134 | 1 | 0 | 10 | 16 |
| A_rashomon | 芥川 | 4 | 31 | 5 | 3 | 2 | 48 |
| A_toshishun | 芥川 | 9 | 46 | 4 | 3 | 6 | 74 |
| A_umano_ashi | 芥川 | 14 | 23 | 2 | 3 | 3 | 1 |
| A_umino_hotori | 芥川 | 1 | 8 | 0 | 6 | 5 | 2 |
| A_yabuno_naka | 芥川 | 11 | 36 | 0 | 1 | 1 | 1 |
| D_goodbye | 太宰 | 22 | 37 | 16 | 42 | 8 | 108 |
| D_hashire_merosu | 太宰 | 8 | 21 | 5 | 14 | 5 | 50 |
| D_kyogenno_kami | 太宰 | 11 | 44 | 23 | 23 | 15 | 123 |
| D_kyokono_haru | 太宰 | 57 | 167 | 74 | 79 | 36 | 303 |
| D_otogi_zoshi | 太宰 | 102 | 209 | 79 | 161 | 40 | 472 |

| D_pandorano_hako | 太宰 | 110 | 336 | 89 | 124 | 48 | 676 |
| D_sarumen_kanjya_shin | 太宰 | 9 | 30 | 1 | 22 | 6 | 63 |
| D_shayo | 太宰 | 88 | 311 | 100 | 112 | 49 | 924 |
| D_ubasute | 太宰 | 17 | 36 | 7 | 19 | 7 | 121 |
| D_viyon | 太宰 | 27 | 76 | 34 | 38 | 7 | 209 |

（省略）

## 11.3 箱ひげ図

　本格的な分析に入る前に，芥川と太宰による 16 種類の 2-gram の使用頻度を箱ひげ図（第 5 章 5.3 節参照）で比較します。その際，個々のテキストの長さが異なるため，相対頻度に変換してから図を作成します。**図 11.1** は，その結果です。この図を見ると，多くの変数で芥川と太宰の中央値（箱の中央に引かれた線）に差が見られます[155]。

```
> # 相対頻度に変換
> tokens <- rowSums(docNgram.result.4[, -1])  # テキスト
ごとの頻度の総計（1列目＝著者の情報以外）を計算
> docNgram.result.4[, -1] <- docNgram.result.4[, -1]
/ tokens * 1000  # 頻度の相対化
> # 箱ひげ図を作成
> # 描画エリアの設定（16個のグラフを4行×4列で配置）
> par(mfrow = c(4, 4))
> # 描画に用いるフォントを指定（macOSの場合）
> par(family= "HiraKakuProN-W3")
> # 描画
> for(i in 2 : 17)  # 2～17行目の箱ひげ図をまとめて描く処理
> boxplot(docNgram.result.4[, i] ~ docNgram.
result.4$author, main = colnames(docNgram.result.4)[i],
xlab = NA, ylab = "Freq.")
```

11

---

※ 155 統計的な有意差について議論する場合は中央値の検定（Wilcoxon の順位和検定など）
を行う必要がありますが，ここでは割愛します。

第 11 章　文学作品の著者推定

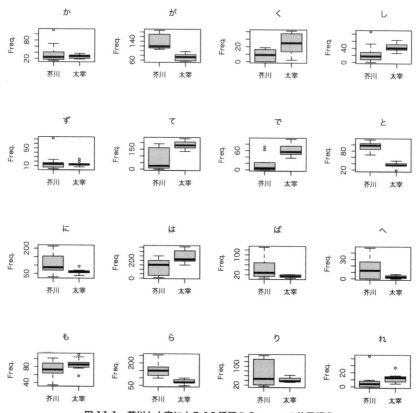

図 11.1　芥川と太宰による 16 種類の 2-gram の使用頻度

## 11.4　対応分析

　本節では，まずは，**対応分析**による著者推定を行います。対応分析とは，クロス集計表に含まれる複雑な情報を 2 次元の散布図などでわかりやすく可視化するための手法です（Greenacre, 2016）。データの構造を可視化することで，テキスト間の関係や変数間の関係を直感的に把握することを可能にします。R で対応分析を実行する方法は複数存在しますが，ここでは ca パッケージ[156] の ca 関数を用います。**図 11.2** は，芥川と太宰による 16 種類の 2-gram の使用頻度のデータに対応分析を実行し，その結果を**バイプロット**で可視化したものです。

---

※ **156** https://CRAN.R-project.org/package=ca

```
> # パッケージのインストール（初回のみ）
> install.packages("ca", dependencies = TRUE)
> # パッケージの読み込み
> library("ca")
> # 描画に用いるフォントを指定（macOSの場合）
> par(family= "HiraKakuProN-W3")
> # 対応分析
> ca(docNgram.result.4[, -1]) %>%
>   plot()    # 対応分析の結果を可視化
```

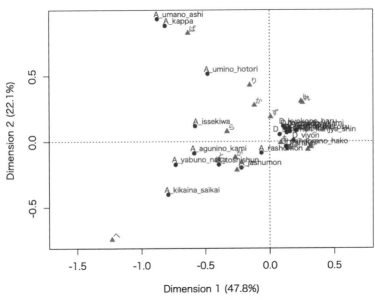

図11.2 対応分析による著者推定

　対応分析の結果として得られる散布図では，（変数 $X$ の頻度が高く，変数 $Y$ の頻度が低いといった）各変数の頻度パターンが近いテキスト同士が近くに布置され，頻度パターンが異なるテキスト同士は遠くに布置されます。また，各テキストにおける頻度パターンが近い変数同士は近くに現れており，頻度パターンが異なる変数同士は遠くに現れています。

　図11.2 を見ると，右側に太宰のテキストが密集しており，中央から左側にかけて芥川のテキストが分布しています。つまり，芥川のテキストと太宰のテキス

**11**

**193**

トでは，読点の打ち方に違いがあるということです。また，太宰のテキストが比較的まとまっているのに対して，芥川のテキストは 2 つのサブクラスターに分かれています。具体的には，（紙面では見にくいですが）『河童』（A_kappa），『馬の脚』（A_umano_ashi），『海のほとり』（A_umino_hotori）の 3 作品には「ば」や「り」などの変数が特徴的であり，芥川の他の 7 作品とは読点の使われ方に若干の違いが見られます。

　図 11.2 のようなバイプロットは，テキストと変数の関連性を把握するに便利ですが，テキストや変数の数が多いときには視認性が下がります。図が見にくい場合は，plot 関数の引数 what で，行データ（テキスト）もしくは列データ（2-gram）のみを表示する指定を行うことができます。**図 11.3** は，行データ（テキスト）のみを表示した散布図です。この図の第 1 次元（x 軸）の値に注目すると，芥川の作品がすべて 0 未満（負値）で，太宰の作品はすべて 0 以上（正値）であることがわかります[157]。

```
> # 行データ（テキスト）のみを表示
> ca(docNgram.result.4[, -1]) %>%
>   plot(., what = c("all", "none"))
```

---

※ 157　各軸のラベルに書かれている百分率は，各次元の寄与率と呼ばれ，それぞれの次元が行と列のデータの関係をどれだけ説明できるものかを表す指標です。

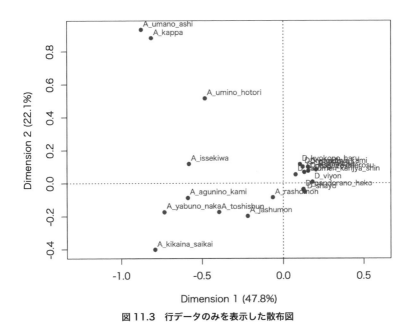

**図 11.3 行データのみを表示した散布図**

また，列データ（変数）のみを表示する場合は，以下のような処理を行います（実行結果は省略）。

```
> # 列データ（2-gram）のみを表示
> ca(docNgram.result.4[, -1]) %>%
>   plot(., what = c("none", "all"))
```

　このように対応分析を用いると，多数のテキストや変数の関係を視覚的に理解することができます。対応分析の散布図を解釈するコツは，各次元で大きい得点を持っている（各軸の両端に位置している）テキストや変数に注目することです。そして，軸の両端に分布するテキストや変数を見比べて，その軸が何と何を区別するものなのかを考えます[158]。たとえば，第 1 次元（横軸）の左側に古いデータ，右側に新しいデータが分布していたら，その次元はデータの年代を表すものであると解釈します。もちろん，常に明確なパターンが各次元に見られるとは限りません。そのような場合は，図中で近くに分布しているテキスト同士（あるい

---

※ 158　これを軸の解釈と言います。

第 11 章　文学作品の著者推定

は，変数同士）が何らかのグループを形成していないかどうかを確認します。

　なお，対応分析から得られた詳しい結果は，以下のように確認することができます。変数名 $rowcoord や，変数名 $colcoord と入力すると，散布図の作成に使われている行データや列データの得点（座標）にアクセスすることができます。そして，これらの次元得点を並べ換えると，各次元の解釈が容易になります。

```
> # 対応分析の結果を保存
> ca.result <- ca(docNgram.result.4[, -1])
> # 行データの表示
> ca.result$rowcoord
                      Dim1           Dim2
A_agunino_kami      -0.7242193    -1.12824763
A_issekiwa          -0.7809612    -1.06377208
A_jashumon           0.2079840    -0.33659276
A_kappa             -1.9201971     1.44659959
A_kikaina_saikai    -0.9405070    -2.11333751
  (省略)
> # 行データの第1次元の得点を並べ換え
> arrange(data.frame(ca.result$rowcoord), desc(Dim1))
                      Dim1           Dim2
D_viyon              0.9660363     0.63995527
D_ubasute            0.9602244     0.28543993
D_shayo              0.8932516     0.22137772
D_hashire_merosu     0.8614951    -0.05107538
D_pandorano_hako     0.8106597     0.18988858
  (省略)
> # 行データの第2次元の得点を並べ換え
> arrange(data.frame(ca.result$rowcoord), desc(Dim2))
  (省略)
> # 列データの表示
> ca.result$colcoord
  (省略)
> # 列データの第1次元の得点を並べ換え
> arrange(data.frame(ca.result$colcoord), desc(Dim1))
  (省略)
> # 列データの第2次元の得点を並べ換え
> arrange(data.frame(ca.result$colcoord), desc(Dim2))
  (省略)
```

## 11.5 ランダムフォレスト

　本節では，**ランダムフォレスト**という機械学習の手法を用いて，20編のテキストの著者を推定します。ランダムフォレストは，**決定木分析のアンサンブル学習**と定義されます。決定木分析は，分析の手がかりとする情報（説明変数）の値が一定以上であれば $X$ で，一定未満であれば $Y$ のようなルールを複数生成し，そのルールに基づいてデータを分類する手法です[159]。また，アンサンブル学習は，必ずしも精度の高くない複数の分類器の結果を組み合わせ，「三人寄れば文殊の知恵」のような発想で推定精度を向上させる機械学習の手法です（金，2017）。ランダムフォレストは，推定精度が高く，非常に多くの説明変数を効率的に扱うことができる上，それぞれの説明変数が予測に寄与する度合いがわかるため，現代のデータサイエンスで広く活用されている手法です。

　R でランダムフォレストを実行するには，randomForest パッケージ[160] の randomForest 関数を使います。その際，randomForest（著者の情報が入った列名 ~ ., data = データセット名）のように書くと，著者の情報が入った列（以下の例では，author）以外のすべての列を説明変数として使った推定が行われます。なお，ランダムフォレストの計算では乱数が用いられるため，実行するたびに結果が若干変化します[161]。

```
> # パッケージのインストール（初回のみ）
> install.packages("randomForest", dependencies = TRUE)
> # パッケージの読み込み
> library("randomForest")
> # 乱数の種を固定
> set.seed(1)
> # ランダムフォレスト
> rf.model <- randomForest(as.factor(author) ~ ., data
= docNgram.result.4)
> # 結果の確認
> rf.model
```

---

※ **159**　$X$ や $Y$ のようなデータのラベルを目的変数と呼びます。

※ **160**　https://CRAN.R-project.org/package=randomForest

※ **161**　本章では，読者が同じ結果を得られるように set.seed 関数で乱数の種を固定していますが，OS や R のバージョンによって結果が異なることがあります。

第 11 章　文学作品の著者推定

```
Call:
 randomForest(formula = as.factor(author) ~ ., data =
docNgram.result.5)
                Type of random forest: classification
                      Number of trees: 500
No. of variables tried at each split: 4

        OOB estimate of  error rate: 0%
Confusion matrix:
      芥川   太宰   class.error
芥川   10    0            0
太宰    0   10            0
```

　上記の結果（Confusion matrix）を見ると，20 編のテキストの著者がすべて正しく推定されています[162]。ランダムフォレストは，表形式に集計されたデータに基づく推定において，高い精度を誇ります（杉山, 2022）。また，テキストアナリティクスにおいても，他の推定手法よりも高い精度が得られることが知られています（金・村上, 2007）。

　そして，ランダムフォレストでは，varImpPlot 関数を用いることで，テキスト分類における個々の説明変数の重要度を可視化することができます。この関数を実行すると，**変数重要度**の上位 30 位が**ドットプロット**の形式で可視化されます（**図 11.4**）。この図を見ると，「と」，「が」，「ら」と読点の 2-gram が特に大きく推定に寄与していることがわかります[163]。これら 3 つの説明変数に関しては，図 11.1 の箱ひげ図でも，芥川と太宰の使用頻度の違いが確認されます。

```
> # 描画に用いるフォントを指定（macOSの場合）
> par(family= "HiraKakuProN-W3")
> # 変数重要度の可視化
> varImpPlot(rf.model, main = NA)
```

---

※ 162　実際の分析では，一部のデータが誤分類されることは珍しくありません。むしろ，今回のようにすべてのデータが正しく分類されるのは稀です。

※ 163　ここでは，変数重要度（MeanDecreaseGini）の値が他の変数よりも大きい 3 つの変数に注目していますが，変数重要度の値がいくつ以上であれば重要な変数とみなすかという明確な基準は存在しません。その結果，変数重要度の解釈が恣意的になる危険性があります。重要な変数と重要ではない変数を統計的に区別する方法として，Boruta などが提案されています（Kursa & Rudnicki, 2010）。

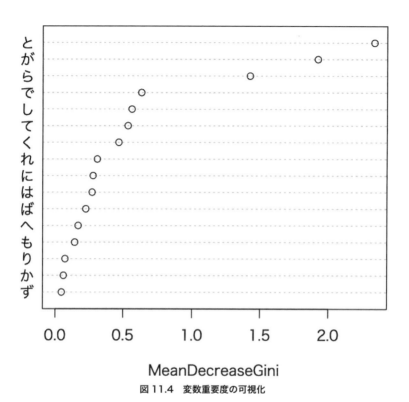

MeanDecreaseGini

**図11.4 変数重要度の可視化**

　ランダムフォレストは，数百〜数千といった数の説明変数を持つデータであっ
ても比較的高速に分析できるため，コーパス言語学の特徴語抽出にも使われてい
ます。ただ，変数重要度を見るだけでは，どのテキストにどの変数が特徴的なの
かがわかりません。別途，図11.1のような箱ひげ図などで各テキストの頻度を
確認したり，部分従属プロット（下川他, 2013）などを作成したりする必要があ
ります。

11

## Column … 説明変数の設定

　著者推定のようなテキスト分類においては，どのような言語項目を説明変数として用いるかが非常に重要になります。しかしながら，万能な説明変数は存在しません。英作文の自動採点を例に取ると，日本人中高生のような初級者が書いた作文を評価する場合は，使用語彙や文の長さといった単純な指標でも十分に機能します。しかし，TOEFL iBT のライティングのように，もう少し高い習熟度の書き手による英作文を評価する場合は，受動態や関係節などの構文的な情報も活用されます。そして，英文校正を受けた研究論文における文章の質を評価する場合は，文章の談話や意味に関わる言語項目が非常に有効となります（小林・田中，2014）。

　分析に用いる言語項目の選定にあたっては，分析対象とするテキストに関する深い知識が必要になります。もし分析者がテキストに関する知識を持たない場合は，分析対象のテキストに精通した人と協働することが望ましいでしょう。それが難しい場合は，データの可視化や特徴語抽出などの探索的な分析をしながら，様々な言語項目を試し，試行錯誤を繰り返すしかありません。テキスト分類の精度を向上したいのであれば，分析手法を変更するよりも，よりよい説明変数を模索することの方がはるかに重要です。

# おわりに

　本書を最後までお読みくださり，まことにありがとうございます。文系の読者にとっては，少し難しく感じたところもあったかも知れません。しかし，「高い壁を乗り越えたとき，その壁はあなたを守る砦となる」（マハトマ・ガンジー）という言葉があるように，苦労して身につけた知識や技術は，研究や業務における強力な武器となります。

　テキストアナリティクスに関する基本的な知識と技術を身につけたら，あとは実践あるのみです。研究でもビジネスでも，座学だけでは不十分です。本書で学んだことを実際の問題解決に活かしてください。そして，現実の問題と格闘する過程で，その問題に特化した文献を読んでください。座学と実践は，スキル向上にとって車の両輪のようなもので，どちらも欠くことができません。テキストアナリティクスのスキルを習得することで，皆様の研究や業務がよりよいものになることを心から願っています。

　最後に，本書を出版する機会を与えてくださったオーム社に心より感謝の意を表します。また，オンラインや対面で多くのことを教えてくださったRコミュニティの皆様，本書で紹介しているツールを開発された方々，『Rによるやさしいテキストマイニング』シリーズに対して様々な形でフィードバックをくださった方々にも感謝します。

2023 年 5 月

小林　雄一郎

# 参考文献

## 日本語文献

青木繁伸 (2009).『R による統計解析』オーム社.

浅野正彦・中村公亮 (2018).『はじめての RStudio—エラーメッセージなんかこわくない』オーム社.

東照二 (2007).『言語学者が政治家を丸裸にする』文藝春秋.

荒牧英治・増川佐知子・森田瑞樹 (2012).「文章分類と疾患モデルの融合によるソーシャルメディアからの感染症把握」『自然言語処理』19(5), 419–435.

石井哲 (2002).『テキストマイニング活用法—顧客志向経営を実現する』リックテレコム.

石井哲 (2022).『顧客と知識を見える化する—テキストマイニング概論』東洋経済新報社.

石井雄隆・近藤悠介 (編) (2020).『英語教育における自動採点—現状と課題』ひつじ書房.

石川慎一郎 (2012).『ベーシックコーパス言語学』ひつじ書房.

石田基広・市川太祐・瓜生真也・湯谷啓明 (2017).『R によるスクレイピング入門』C&R 研究所.

石田基広・小林雄一郎 (2013).『R で学ぶ日本語テキストマイニング』ひつじ書房.

和泉潔・松井藤五郎 (2012).「金融テキストマイニング研究の紹介」『情報処理』53(9), 932–937.

和泉潔・坂地泰紀・松島裕康 (2021).『金融・経済分析のためのテキストマイニング』岩波書店.

和泉潔・坂地泰紀・松島裕康 (2022).『Python による金融テキストマイニング』朝倉書店.

伊藤雅光 (2002).『計量言語学入門』大修館書店.

一般財団法人人文情報学研究所 (監修) (2022).『人文学のためのテキストデータ構築入門—TEI ガイドラインに準拠した取り組みにむけて』文学通信.

岩田具治 (2015).『トピックモデル』講談社.

内田諭・大賀哲・中藤哲也 (編) (2021).『知を再構築する異分野融合研究のためのテキストマイニング』ひつじ書房.

大久保街亜・岡田謙介 (2012).『伝えるための心理統計—効果量・信頼区間・検定力』勁草書房.

大高庸平・城丸瑞恵・いとうたけひこ (2010).「手術とホルモン療法を受けた乳がん患者の心理—テキストマイニングによる語りの分析から」『昭和医学会雑誌』70(4),

302–314.

大谷鉄平 (2015).「ダイエット系『口コミ』にみられる語彙の特性―新聞折り込みチラシの場合との差異に注目して」『学習院大学大学院日本語日本文学』*11,* 58–79.

大名力 (2012).『言語研究のための正規表現によるコーパス検索』ひつじ書房.

岡﨑直観・荒瀬由紀・鈴木潤・鶴岡慶雅・宮尾祐介 (2022).『自然言語処理の基礎』オーム社.

小川祐樹・小林哲郎 (2017).「歴史・領土問題に関する日韓新聞報道の比較―トピックモデルを用いたフレーム分析」『行動計量学』*44*(1), 1–15.

小椋秀樹 (2014).「形態論情報」山崎誠 (編)『書き言葉コーパス―設計と構築』(pp.68–88). 朝倉書店.

加藤千佳・城丸瑞恵・いとうたけひこ (2011).「テキストマイニングを用いた病棟看護師の実習指導に対する祈りの分析」『昭和大学保健医療学雑誌』*8,* 23–33.

釜賀誠一 (2015).「テキストマイニングを用いた授業評価の自由記述の分析と対策」『尚絅大学研究紀要 人文・社会科学編』*47,* 49–61.

川添愛 (2020).『ヒトの言葉 機械の言葉―「人工知能と話す」以前の言語学』KADOKAWA.

岸江信介 (2012).「自由記述によるアンケート調査からことばの地域差を探る」石田基広・金明哲 (編)『コーパスとテキストマイニング』(pp.40–54). 共立出版.

許挺傑・林満理子 (2021).「オンライン授業に対する学生評価アンケートについての一考察―テキストマイニングの手法を用いて」『大分県立芸術文化短期大学研究紀要』*58,* 157–178

金明哲 (1994).「読点の打ち方と文章の分類」『計量国語学』*19*(7), 317–330.

金明哲 (2009).『テキストデータの統計科学入門』岩波書店.

金明哲 (2017).『R によるデータサイエンス 第 2 版―データ解析の基礎から最新手法まで』森北出版.

金明哲 (2018).『テキストアナリティクス』共立出版.

金明哲 (2021).『テキストアナリティクスの基礎と実践』岩波書店.

金明哲・樺島忠夫・村上征勝 (1993).「読点と書き手の個性」『計量国語学』*18*(8), 382–391.

金明哲・村上征勝 (2007).「ランダムフォレスト法による文章の書き手の同定」『統計数理』*55*(2), 255–268.

工藤拓 (2018).『形態素解析の理論と実装』近代科学社.

倉田真由美 (2015).「生体肝移植における報道傾向に関する一考察―テキストマイニングを用いた探索的分析」『社会医学研究』*32*(2), 125–132.

藏本貴久・和泉潔・吉村忍・石田智也・中嶋啓浩・松井藤五郎・吉田稔・中川裕志 (2013).

「新聞記事のテキストマイニングによる長期市場動向の分析」『人工知能学会論文誌』28 (3), 291–296.

黒田龍之助 (2004).『はじめての言語学』講談社.

黒橋禎夫・柴田知秀 (2016).『自然言語処理概論』サイエンス社.

越中康治・高田淑子・木下英俊・安藤明伸・高橋潔・田幡憲一・岡正明・石澤公明 (2015).「テキストマイニングによる授業評価アンケートの分析—共起ネットワークによる自由記述の可視化の試み」『宮城教育大学情報処理センター研究紀要』22, 67–74.

小林雄一郎 (2017a).『R によるやさしいテキストマイニング』オーム社.

小林雄一郎 (2017b).『R によるやさしいテキストマイニング［機械学習編］』オーム社.

小林雄一郎 (2018).『R によるやさしいテキストマイニング［活用事例編］』オーム社.

小林雄一郎 (2019).『ことばのデータサイエンス』朝倉書店.

小林雄一郎・田中省作 (2014).「メタ談話標識を素性とするランダムフォレストによる英語科学論文の質判定」岸江信介・田畑智司 (編)『テキストマイニングによる言語研究』(pp.137–151). ひつじ書房.

小林雄一郎・濱田彰・水本篤 (2020).『R による教育データ分析入門』オーム社.

小峯敦 (編) (2021).『テキストマイニングから読み解く経済学史』ナカニシヤ出版.

財津亘 (2019).『犯罪捜査のためのテキストマイニング—文章の指紋を探り，サイバー犯罪に挑む計量的文体分析の手法』共立出版.

榊剛史 (編) (2022).『Python ではじめるテキストアナリティクス入門』講談社.

佐古輝人 (編) (2021).『テキスト計量の最前線—データ時代の社会知を拓く』ひつじ書房.

佐藤一誠 (2015).『トピックモデルによる統計的潜在意味解析』コロナ社.

佐藤圭 (2017).「マーケティング研究におけるトピックモデルの適用に関する一考察」『経営研究』68 (3), 125–148.

佐藤弘和・浅野弘輔 (2013).『ソーシャルメディアクチコミ分析入門—Twitter ／ブログ／掲示板…に秘められた生活者が本当に求めるものの見つけ方』SB クリエイティブ.

佐藤竜一 (2018).『正規表現辞典 改訂新版』翔泳社.

下川敏雄・杉野知之・後藤昌司 (2013).『樹木構造接近法』共立出版.

杉山聡 (2022).『本質を捉えたデータ分析のための分析モデル入門』ソシム.

鈴木崇史 (2012).「政治テキストの計量分析」石田基広・金明哲 (編)『コーパスとテキストマイニング』(pp.97–106). 共立出版.

鈴木努 (2017).『ネットワーク分析 第2版』共立出版.

住田一男・市村由美 (2001).「テキストマイニングの日報分析への適用」『品質管理』52 (3), 255–261.

孫昊・金明哲 (2015).「川端康成『山の音』の代筆疑惑検証—計量文体学の観点から」『言語処理学会第 21 回年次大会発表論文集』860–863.

高橋佑介・横本大輔・宇津呂武仁・吉岡真治 (2012).「時系列ニュースにおけるトピックのバーストの同定」『言語処理学会第 18 回年次大会発表論文集』175–178.

竹岡志朗・井上祐輔・高木修一・高柳直弥 (2016).『イノベーションの普及過程の可視化—テキストマイニングを用いたクチコミ分析』日科技連出版社.

豊田秀樹 (2012).『回帰分析入門—R で学ぶ最新データ解析』東京図書.

那須川哲哉・吉田一星・宅間大介・鈴木祥子・村岡雅康・小比田涼介 (2020).『テキストマイニングの基礎技術と応用』岩波書店.

西尾泰和 (2014).『word2vec による自然言語処理』オライリー・ジャパン.

西原史暁 (2017).「整然データとは何か」『情報の科学と技術』67(9), 448–453.

二宮隆次・小野浩幸・高橋幸司・野田博行 (2016).「新聞記事を基にしたテキストマイニング手法による産学官連携活動分析」『科学・技術研究』5(1), 93–104.

波多野賢治 (編) (2022).『テキストデータマネジメント—前処理から分析へ』岩波書店.

服部兼敏 (2010).『テキストマイニングで広がる看護の世界』ナカニシヤ出版.

樋口耕一 (2012).「社会調査における計量テキスト分析の手順と実際—アンケートの自由回答を中心に」石田基広・金明哲 (編)『コーパスとテキストマイニング』(pp.119–128). 共立出版.

冨士池優美・小西光・小椋秀樹・小木曽智信・小磯花絵 (2011).「長単位に基づく『現代日本語書き言葉均衡コーパス』の品詞比率に関する分析」『言語処理学会第 17 回年次大会発表論文集』663–666.

伏木田稚子・北村智・山内祐平 (2012).「テキストマイニングによる学部ゼミナールの魅力・不満の検討」『日本教育工学会論文誌』36(suppl.), 165–168.

堀正広 (2009).『英語コロケーション研究入門』研究社.

堀正広 (編) (2012).『これからのコロケーション研究』ひつじ書房.

益岡隆志・田窪行則 (1992).『基礎日本語文法 改訂版』くろしお出版.

松河秀哉・大山牧子・根岸千悠・新居佳子・岩﨑千晶・堀田博史 (2017).「トピックモデルを用いた授業評価アンケートの自由記述の分析」『日本教育工学会論文誌』41(3), 233–244.

松村優哉・湯谷啓明・紀ノ定保礼・前田和寛 (2021).『改訂 2 版 R ユーザのための RStudio ［実践］入門—tidyverse によるモダンな分析フローの世界』技術評論社.

三浦康秀・荒牧英治・大熊智子・外池昌嗣・杉原大悟・増市博・大江和彦 (2010).「電子カルテからの副作用関係の自動抽出」『言語処理学会第 16 回年次大会発表論文集』78–81.

三室克哉・鈴村賢治・神田晴彦 (2007).『顧客の声マネジメント—テキストマイニングで本音を「見る」』オーム社.

三宅真紀 (2012).「類似テキストの異同を計る—新約聖書校訂本の比較研究」石田基広・

金明哲（編）『コーパスとテキストマイニング』（pp.155–165）. 共立出版.

村上征勝 (1994).『真贋の科学―計量文献学入門』朝倉書店.

村上征勝 (2004).『シェークスピアは誰ですか？―計量文献学の世界』文藝春秋.

村上征勝・金明哲・土山玄・上阪彩香 (2016).『計量文献学の射程』勉誠出版.

村本理恵子 (2007).『Web2.0 時代のネット口コミ活用 book―バズ・マスターになるための 50 のテクニック』ダイヤモンド社.

目久田純一・中岡千幸・越中康治 (2013).「保育者養成系学科に在学する短期大学生の授業評価基準―テキストマイニングの手法を用いた検討」『宮城教育大学情報処理センター研究紀要』*20*, 15–18.

安本美典 (1958).「宇治十帖の作者―文章心理学による作者推定」『心理学評論』*2*, 147–156.

矢野啓介 (2018).『改訂新版 プログラマのための文字コード技術入門』技術評論社.

山崎誠・前川喜久雄 (2014).「コーパスの設計」山崎誠（編）『書き言葉コーパス―設計と構築』（pp.1–21）. 朝倉書店.

山下貴範・若田好史・中島直樹・廣川佐千男 (2015).「医療テキストからの重要因子抽出とその性能評価」『医療情報学会・人工知能学会 AIM 合同研究会資料』*1*(5), 1–6.

山田耕 (2017).「新聞メディアで報じられる火山学情報のテキストマイニング解析」『火山』*62*(4), 147–175.

山田敏弘 (2014).『あの歌詞は，なぜ心に残るのか―J ポップの日本語力』祥伝社.

山本義郎・飯塚誠也・藤野友和 (2013).『統計データの視覚化』共立出版.

吉田寿夫 (1998).『本当にわかりやすいすごく大切なことが書いてあるごく初歩の統計の本』北大路書房.

吉見憲二・樋口清秀 (2011).「共起ネットワーク分析を用いた訳あり市場の考察―『カニ』と『ミカン』のユーザーレビューを題材として」*GITS/GITI Research Bulletin, 2011-2012*, 31–39.

脇森浩志 (2013).「ビッグデータに対するテキストマイニング技術とその適用例」*UNISYS Technology Review, 115*, 19–31.

劉雪琴・金明哲 (2017).「宇野浩二の病気前後の文体変化に関する計量的分析」『計量国語学』*31*(2),128–143.

## 英語文献

Aiden, E., & Michel, J. (2013). *Uncharted: Big data as a lens on human culture.* Riverhead Books.（阪本芳久訳『カルチャロミクス―文化をビッグデータで計測する』草思社，2019）

Anderberg, M. R.（1973）. *Cluster analysis for applications.* Academic Press.（西田英郎訳『クラスター分析とその応用』内田老鶴圃，1988）

Chang, W.（2018）. *R graphic cookbook: Practical recipes for visualizing data.* O'Reilly.（石井弓美子・河内崇・瀬戸山雅人訳『R グラフィックスクックブック 第 2 版―ggplot2 によるグラフ作成のレシピ集』オライリー・ジャパン，2019）

Greenacre, M.（2016）. *Correspondence analysis in practice*（3rd ed.）. Chapman and Hall.（藤本一男訳『対応分析の理論と実践―基礎・応用・展開』オーム社，2020）

Kursa, M. B., & Rudnicki, W. R.（2010）. Feature selection with the Boruta package. *Journal of Statistical Software, 36*（11）, 1–13.

Lau, J. H., & Baldwin, T.（2016）. An empirical evaluation of doc2vec with practical insights into document embedding generation. *Proceedings of 1st Workshop on Representaion Learning for NLP,* 78–86.

Meng, X.（2018）. Statistical paradises and paradoxes in big data（I）: Law of large populations, big data paradox, and the 2016 US presidential election. *The Annals of Applied Statistics, 12*（2）, 685–726.

Mikolov, T., Chen, K., Corrado, G., & Dean, J.（2013）. Efficient estimation of word representations in vector space. *Proceedings of ICLR 2013 workshop.*

Romesburg, H. C.（1984）. *Cluster analysis for researchers.* Lifetime Learning Publications.（西田英郎・佐藤嗣二訳『実例クラスター分析』内田老鶴圃，1992）

Russell, M. A., & Klassen, M.（2019）. *Mining the social web: Data mining Facebook, Twitter, Linkedin, Instagram, Github, and more.* O'Reilly.

Silge, J., & Robinson, D.（2017）. *Text mining with R: A tidy approach.* O'Reilly.（大橋真也・長尾高弘訳『R によるテキストマイニング―tidytext を活用したデータ分析と可視化の基礎』オライリー・ジャパン，2018）

# 索 引

〈著者略歴〉

小林雄一郎（こばやし ゆういちろう）

日本大学生産工学部准教授。大阪大学大学院言語文化研究科修了。博士（言語文化学）。
関心領域は、コーパス言語学、計量文献学。著書は、『ことばのデータサイエンス』（朝
倉書店、2019年）、『Rによる教育データ分析入門』（オーム社、2020年、共著）など。
趣味は、音楽鑑賞（HR/HM、プログレ）、自転車旅（ロードバイク、ミニベロ）など。

- 本書の内容に関する質問は、オーム社ホームページの「サポート」から、「お問合せ」
  の「書籍に関するお問合せ」をご参照いただくか、または書状にてオーム社編集局宛
  にお願いします。お受けできる質問は本書で紹介した内容に限らせていただきます。
  なお、電話での質問にはお答えできませんので、あらかじめご了承ください。
- 万一、落丁・乱丁の場合は、送料当社負担でお取替えいたします。当社販売課宛にお
  送りください。
- 本書の一部の複写複製を希望される場合は、本書扉裏を参照してください。
- JCOPY＜出版者著作権管理機構 委託出版物＞

Rによるやさしいテキストアナリティクス

2023年6月19日　　第1版第1刷発行

著　　者　小 林 雄 一 郎
発 行 者　村 上 和 夫
発 行 所　株式会社　オーム社
　　　　　郵便番号　101-8460
　　　　　東京都千代田区神田錦町3-1
　　　　　電話　03(3233)0641（代表）
　　　　　URL https://www.ohmsha.co.jp/

© 小林雄一郎 2023

印刷・製本　三美印刷
ISBN978-4-274-23063-9　Printed in Japan

本書の感想募集　https://www.ohmsha.co.jp/kansou/

本書をお読みになった感想を上記サイトまでお寄せください。
お寄せいただいた方には、抽選でプレゼントを差し上げます。